téléphérique

SCIENCES PHYSIQUES de 5e en 4e

1988

JACQUES DEQUIN
professeur au collège N. Appert (Châlons-sur-Marne)

JEAN JOURDAIN
professeur au collège J. Rostand (Orléans)

PÉDAGOGIE MODERNE

sommaire

Couverture : Atelier de l'Alphabet - Illustration Thierry LAMOUCHE

ISBN 2-04-018110-5

Présentation

Pour tes parents...

Cet ouvrage est conçu, comme celui de « Sciences physiques de 6e en 5e », pour permettre à votre enfant de revoir et de consolider ses connaissances en Sciences Physiques. Les neuf séries du cahier couvrent complètement le programme de la classe de Cinquième, et lui fourniront l'occasion d'aborder la classe de Quatrième dans de très bonnes conditions.

La formation d'un esprit scientifique ne peut s'accomplir que grâce à une initiation à une attitude expérimentale, aussi ce cahier comporte-t-il de très nombreuses expériences à réaliser. Elles ne sont jamais dangereuses. Laissez votre enfant expérimenter !

Pour toi...

— Avec Charlotte et Nicolas, tu vas retrouver dans ce cahier tout ce que tu as étudié cette année en Sciences Physiques. Tu peux aborder les neuf séries dans l'ordre que tu désires, mais avant d'en commencer une, réunis l'ensemble du matériel dont tu auras besoin (il est indiqué en début de chaque série).

— Fais toutes les expériences indiquées, et note soigneusement tes observations sur ton cahier. **Ne fais jamais fonctionner un circuit électrique en utilisant le courant du secteur.**

— Tu pourras aussi si tu le souhaites construire des maquettes (un appareil pour communiquer à distance en utilisant l'alphabet Morse, des montages utilisant des transistors, un chauffe-eau solaire, etc.), et réaliser plusieurs programmes de jeux informatiques conçus pour Commodore 64, mais très facilement adaptables pour Vic 20, TO 7 ou MO 5.

— Les corrigés des exercices sont rassemblés à la fin de l'ouvrage ; consulte-les régulièrement pour vérifier tes réponses.

— Les composants électroniques peuvent se trouver chez n'importe quel revendeur de ce type de matériel.

série 1 Charlotte et Nicolas partent en randonnée

Ce qu'il faut savoir

- *Connaître les aimants.*
- *Savoir s'orienter.*

Matériel à réunir

■ *Épingles* ■ *fil* ■ *carton* ■ *papier collant* ■ *plaque de bois* ■ *clous* ■ *aimants* ■ *boussole* ■ *limaille de fer* ■ *bouton-pression.*

Construis un compas de navigation

1. Un aimant libre de se déplacer s'oriente toujours dans la direction sud-nord ; ainsi, si tu suspends un aimant droit à un fil, ***son pôle nord se dirige tout seul vers le nord géographique.***

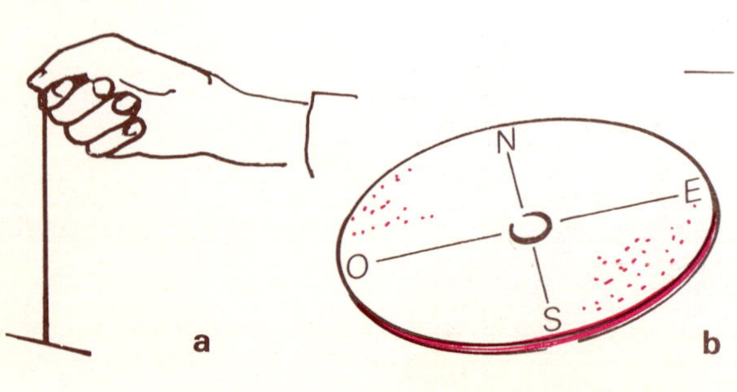

Aimante deux grosses aiguilles en les frottant toujours dans le même sens, sur le pôle d'un aimant. Détermine leur pôle nord en les suspendant à un fil (a).

Découpe un disque de carton, écris dessus les quatre points cardinaux et place en son milieu (le centre de gravité) un bouton-pression (le creux en dessous) (b).

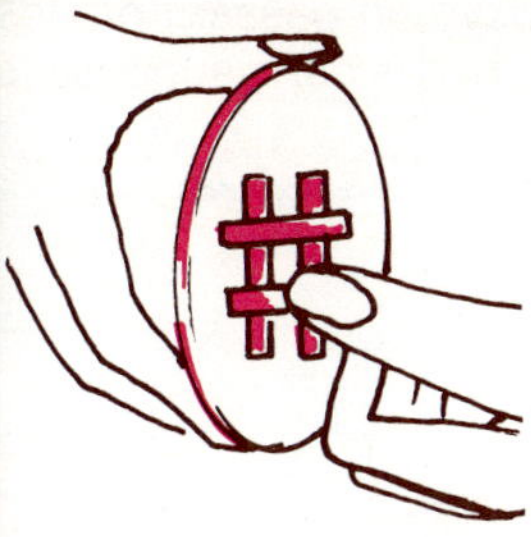

c

d

Fixe les aiguilles aimantées sur la face interne du disque en faisant coïncider leurs pôles avec les lettres N et S indiquées sur le carton (c). Pose le disque en équilibre sur un pivot (d).

Nikola TESLA (1856-1943)
Physicien yougoslave qui effectua de nombreux travaux en électromagnétisme. Il travailla notamment sur les dynamos.

Comment se repérer

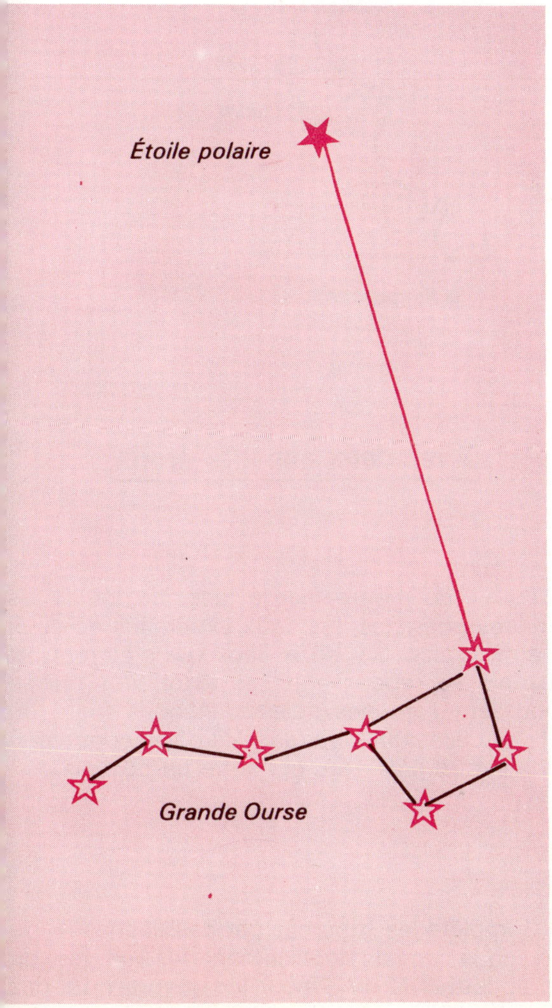

2. *Avec les étoiles*
Repère la constellation de la Grande Ourse que l'on appelle encore le Grand Chariot. Prolonge le côté arrière de cinq fois sa longueur, et tu trouves alors l'étoile polaire qui indique toujours le nord.

Vérifie tes observations avec ton compas de navigation.

3. *Avec ta montre*
Règle ta montre sur l'heure solaire en la retardant de 2 heures (une heure en hiver), puis place-la à plat dans ta main, la petite aiguille étant dirigée dans la direction du soleil.

La direction nord-sud est indiquée par la bissectrice de l'angle formé par la petite aiguille et la droite qui passe par le centre de la montre et le nombre 12.

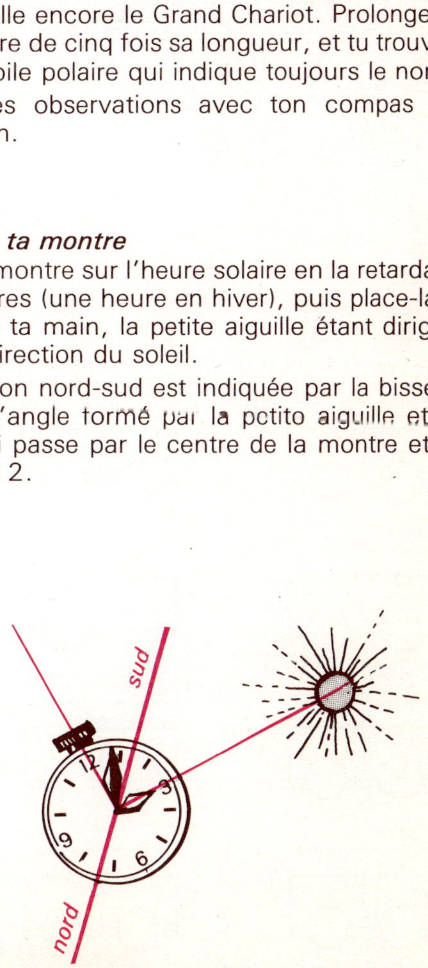

Tu es commandant de bord

4. Tu dois relier Paris à Tokyo en passant par les escales indiquées. Quels sont tes caps successifs (aide-toi d'une boussole) ?

Pour aller de Paris à Madrid, je mets le cap sur 21 degrés

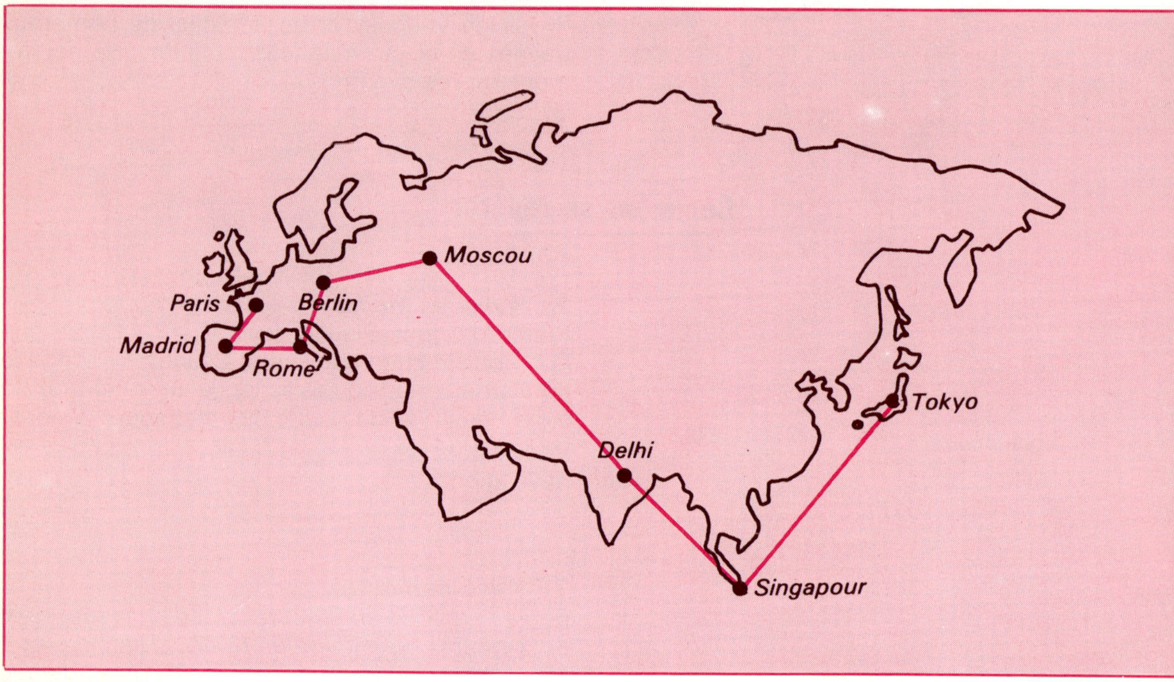

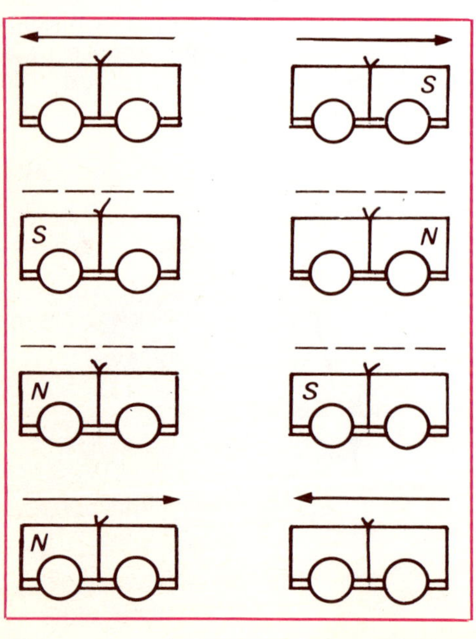

Avec deux aimants droits

5. Essaie de mettre face à face, de toutes les manières possibles, les deux extrémités de deux aimants droits. Il y en a deux qui s'attirent, et deux qui se repoussent. Les extrémités qui se repoussent sont des pôles identiques (nord ou sud), et celles qui s'attirent des pôles contraires. L'une est un pôle nord et l'autre un pôle sud.

6. Complète les schémas par des flèches → ou ← selon le sens de déplacement des voitures, ou par les lettres N ou S pour indiquer le nom des pôles des aimants.

Avec une boussole et des clous

7. Avec trois clous, en cuivre, en fer et en acier aimanté, Nicolas a réalisé les six expériences représentées. La boussole est toujours restée à la même place.

Colorie en rouge le clou en acier aimanté, en vert le clou en fer, et en jaune celui en cuivre. Place correctement sur l'aimant les lettres N et S pour indiquer ses pôles.

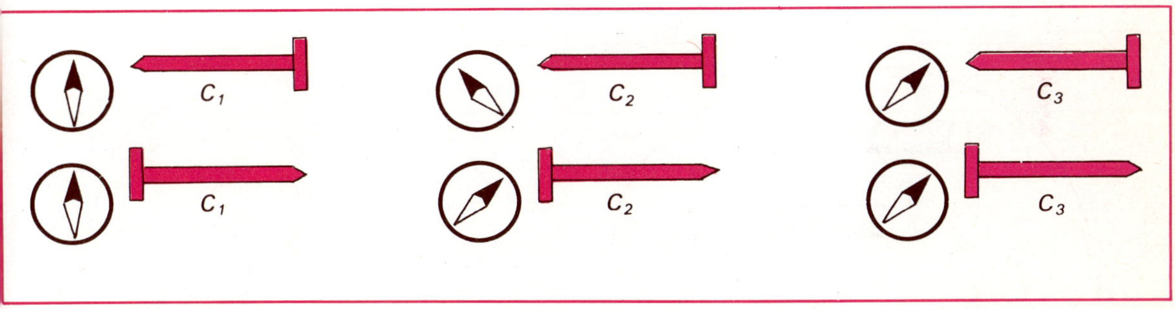

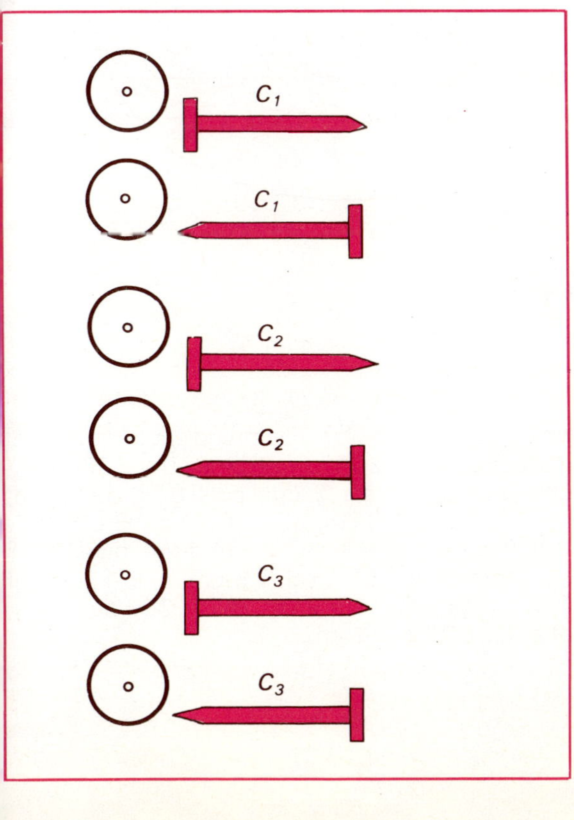

Complète les schémas en représentant l'aiguille de la boussole.

série 1

Nicolas et les spectres

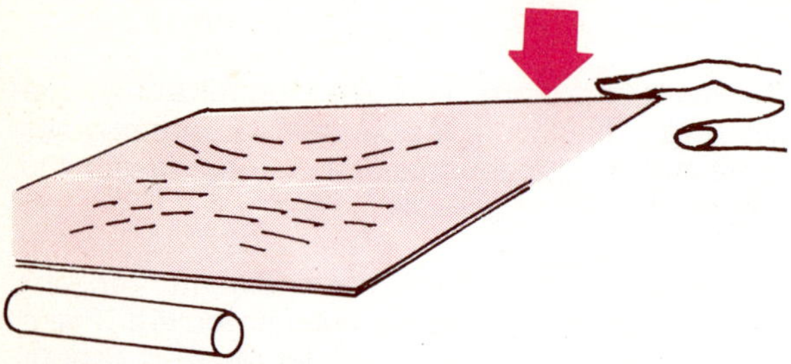

Place le carton au-dessous de l'aimant, saupoudre de limaille de fer et tapote doucement avec le doigt.

8. Chaque aimant se caractérise par son ***empreinte magnétique*** que l'on appelle un ***spectre.*** Il te faut pour le réaliser de la limaille de fer, un carton fin, et bien sûr un aimant.

Rends à chaque aimant, ou couple d'aimants, le spectre qui le caractérise.

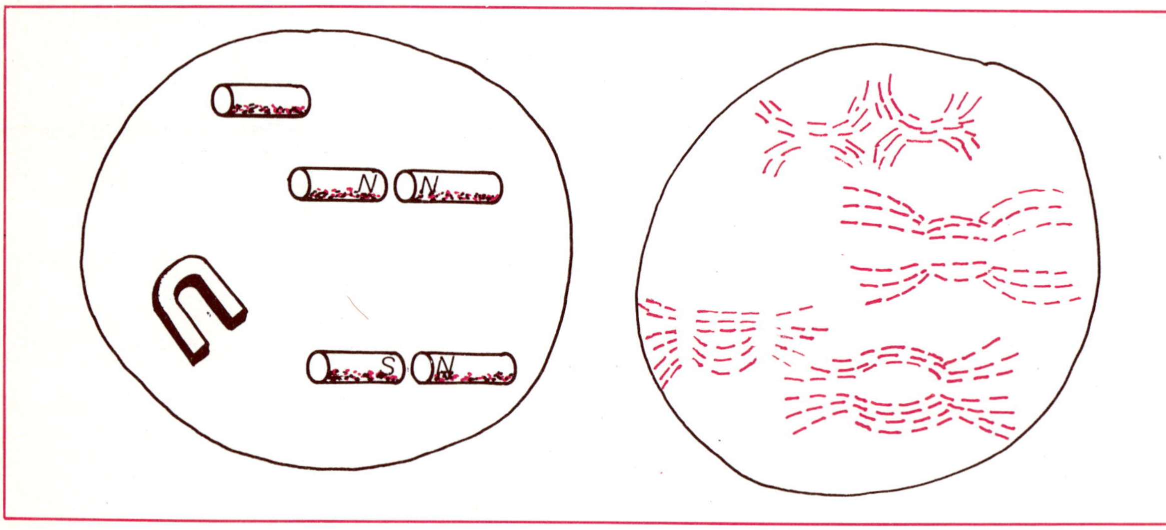

Qui suis-je ?

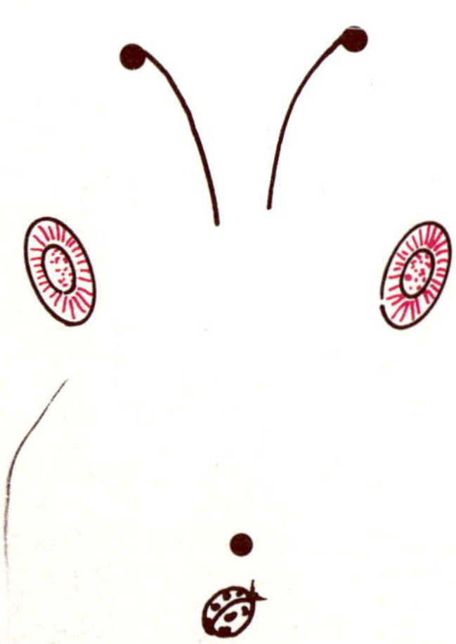

La coccinelle dessine. Elle prend successivement les directions 120° sur 2 cm, puis 60° sur 2 cm, puis 300° sur 2 cm, puis 60° sur 2 cm, puis 30° sur 3,5 cm, puis 300° sur 2 cm, puis 240° sur 4 cm, puis 300° sur 4 cm, puis 240° sur 2 cm, puis 150° sur 3,5 cm, puis 120° sur 2 cm, puis 240° sur 2 cm, puis 120° sur 2 cm, et enfin 60° sur 2 cm.

Un programme pour jouer !

Les aimants diaboliques !

Deux aimants apparaissent 3 secondes, tu dois dire s'ils s'attirent ou se repoussent. Ton score est totalisé.

```
10 REM  "MAGNETISME" SUR COMMODORE 64
20 REM  ERIC DEQUIN / 0.941 K.OCTETS
100 A$(1)=CHR$(18)+"N  ":A$(2)=CHR$(18)+"  N"
110 A$(3)=CHR$(18)+"  S":A$(4)=CHR$(18)+"S  "
200 POKE53280,6:POKE53281,3:POKE646,0:S=10
210 PRINTCHR$(147):PRINTSPC(15)"MAGNETISME"
220 PRINT:PRINT:PRINT:PRINT"SI LES AIMANTS:";
225 PRINTTAB(16)"-SE REPOUSSENT -> "CHR$(18)"R"
230 PRINTTAB(16)"-S'ATTIRENT    -> "CHR$(18)"A"
240 PRINT:PRINT"VOUS AVEZ 3 SECONDES POUR";
250 PRINT" REPONDRE":POKE214,14:PRINT
260 PRINT"VOUS AVEZ 10  POINTS":TI$="000000"
300 A1%=RND(1)*4+1:A2%=RND(1)*4+1
310 POKE214,10:PRINT
320 PRINTTAB(5);A$(A1%);TAB(10);A$(A2%)
330 R=A1%+A2%:IFR/2=INT(R/2)THENR$="A":GOTO345
340 R$="R"
345 T=TI
350 GETA$:IFA$=R$THEN400
360 IFTI-T>180THEN420
370 IFA$<>""ANDA$<>R$THEN410
380 GOTO350
400 S=S+1:PRINT:PRINT"BRAVO     !!!":GOTO440
410 S=S-1:PRINT:PRINT"PERDU     !!!":GOTO440
420 S=S-2:PRINT:PRINT"TEMPS ECOULE"
440 POKE214,14:PRINT:PRINTTAB(10)S"▌ "
450 FORI=1TO1000:NEXT:POKE214,12
455 PRINT:PRINT"                 "
460 IFTI$>"000030"THEN500
470 GOTO300
500 POKE214,12:PRINT:PRINT"VOUS AVEZ "S;
505 PRINTCHR$(157)"  POINTS"
510 PRINT:PRINT"UNE AUTRE PARTIE (O/N) ?"
520 GETR$:IFR$="O"THENRUN
530 IFR$<>"N"THEN520
540 END

READY.
```

Pour jouer

Redonne à chacun sa découverte

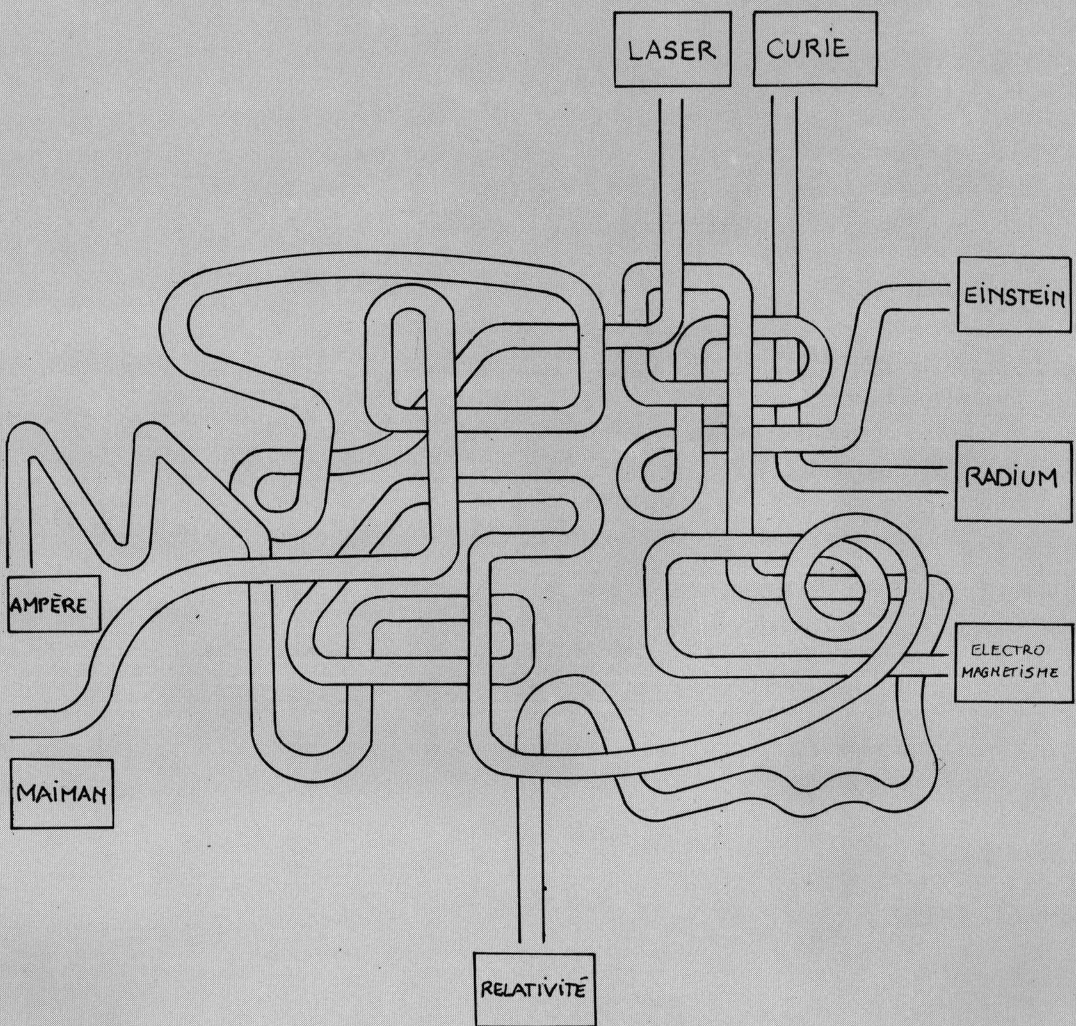

Je sais tout en « vrac »

Remets de l'ordre :

a : peléértturu (remplace un va-et-vient)
b : éarturegné (fournit du courant)
c : tturcoriciuc (peut provoquer l'incendie)

série 2 Charlotte et Nicolas fabriquent des aimants

Ce qu'il faut savoir

- *Savoir ce qu'est un électro-aimant.*
- *Fabriquer un testeur de courant.*

Matériel à réunir

■ Du fil de cuivre isolé ■ des tiges (ou des clous) d'acier et de fer ■ une pile ■ des aiguilles ■ une boussole ■ une boîte d'allumettes vide.

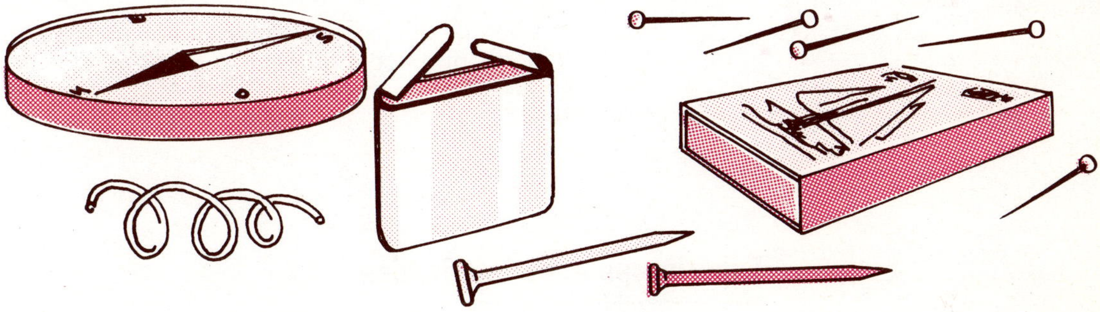

Un outil indispensable : l'électro-aimant

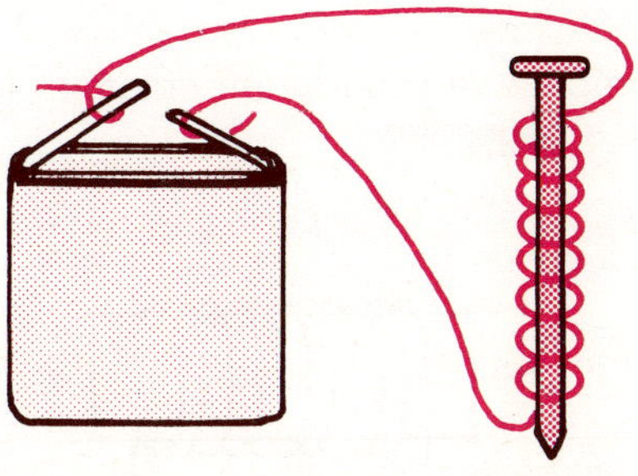

1. ***Fabrique un électro-aimant.*** Enroule un fil de cuivre isolé sur un gros clou d'acier, puis construis le circuit électrique représenté. Lorsque la bobine est parcourue par un courant électrique, le clou attire quelques agrafes en fer. L'acier est devenu un aimant permanent.

Remplace le clou d'acier par une tige en fer (ou une pointe ordinaire), et recommence l'expérience.

Que constates-tu ?

. . . .

. . . .

La tige de fer et sa bobine constituent un électro-aimant.

série 2

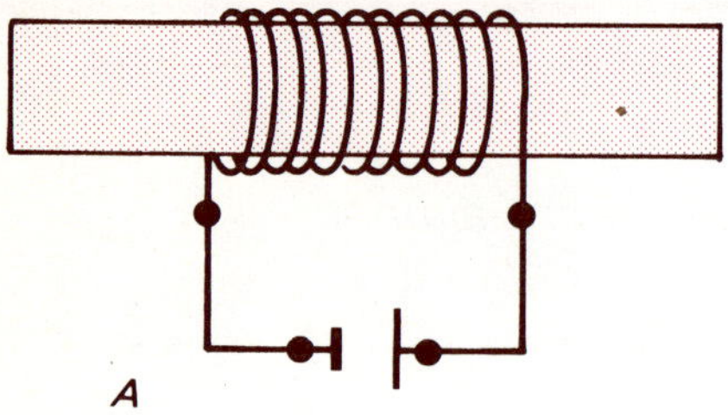

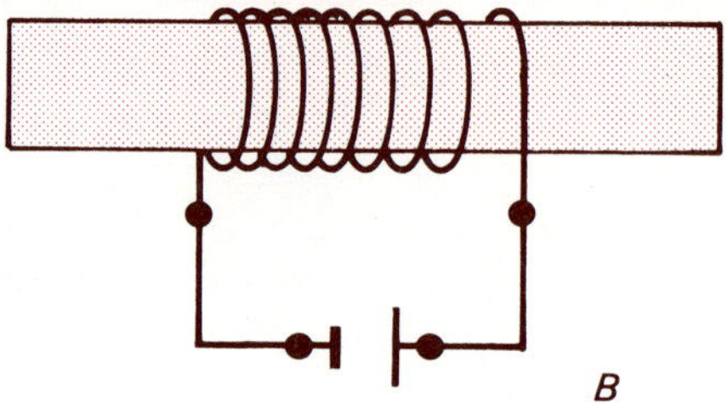

Michaël FARADAY (1791-1867)
Chimiste et physicien anglais. Il fut un expérimentateur remarquable. Citons parmi ses nombreux travaux la découverte du phénomène d'induction magnétique, et la formulation des lois relatives à l'électrolyse.

2. Quel est l'électro-aimant le plus puissant ?

. . . .

Pourquoi ?

. . . .

. . . .

Cherche quelques exemples d'appareils qui fonctionnent grâce à un petit électro-aimant.

. . . .

. . . .

. . . .

Expériences avec une bobine

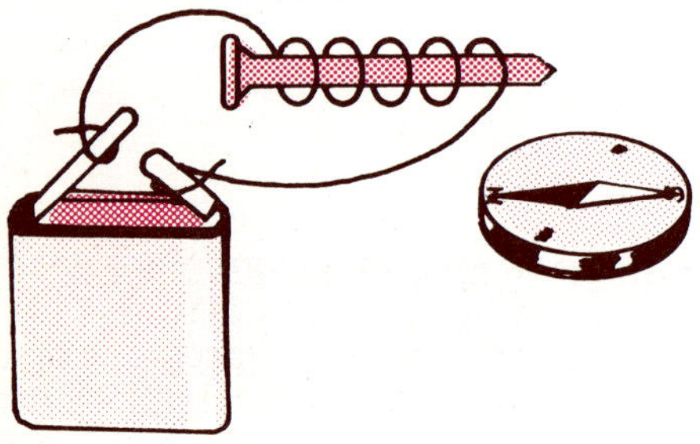

3. Avec une petite boussole tu peux constater que les deux pôles d'un électro-aimant dépendent du sens dans lequel circule le courant électrique dans la bobine. Pour vérifier, réalise l'expérience représentée par le dessin.

Place sur le noyau de la bobine les lettres N ou S pour caractériser les pôles.

4. Complète le schéma en coloriant les pointes nord des boussoles.

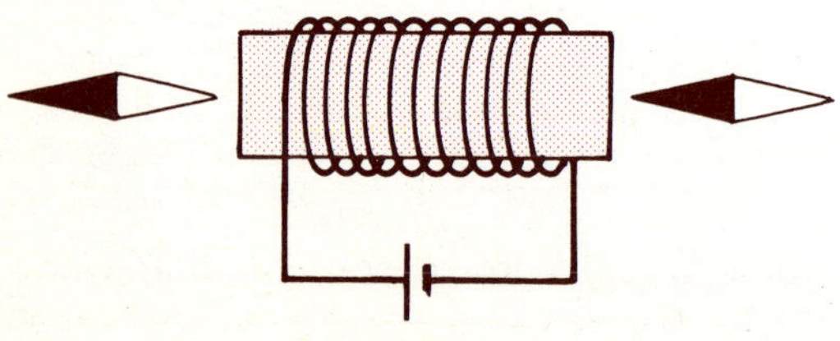

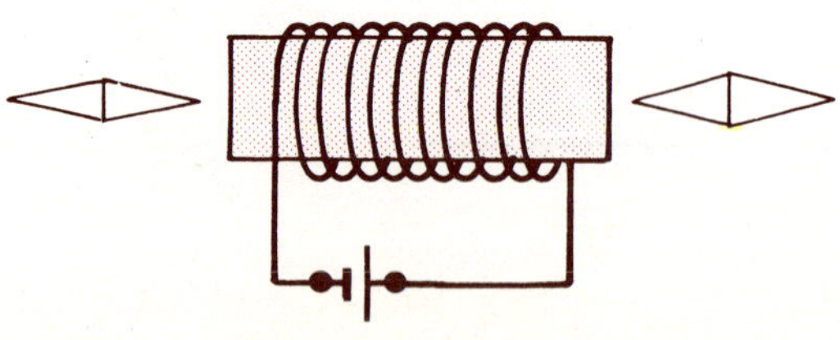

5. Plusieurs « trucs » permettent de prévoir le nom des pôles d'un électro-aimant, ou le nom des faces d'une bobine en fonction du sens de parcours du courant électrique.

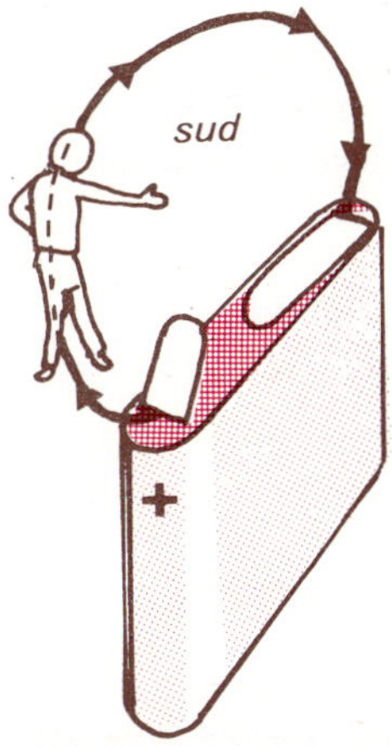

Un petit bonhomme, couché sur le fil, et nageant dans le sens du courant, a la face sud de la bobine à sa droite.

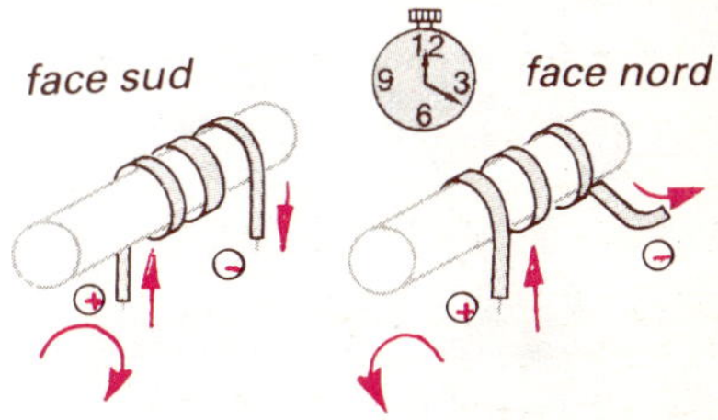

Si le courant tourne dans le sens des aiguilles d'une montre, on voit une face sud. Dans le cas contraire, on regarde une face nord.

6. Complète les schémas ci-dessous en indiquant le nom des faces et le sens du courant, comme sur la première figure.

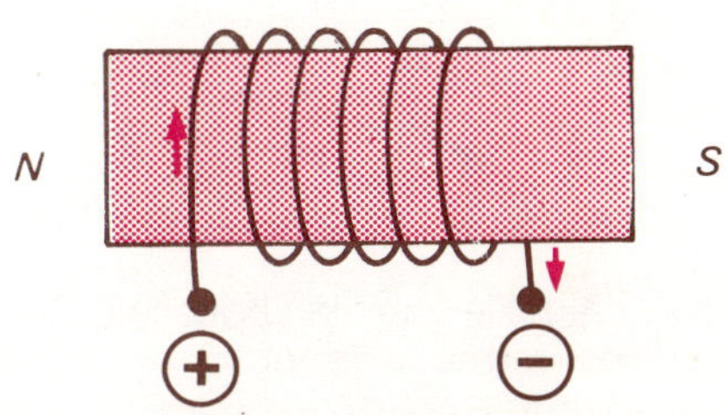

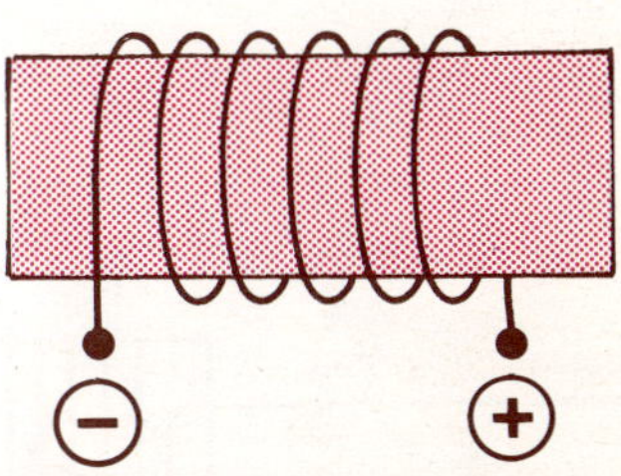

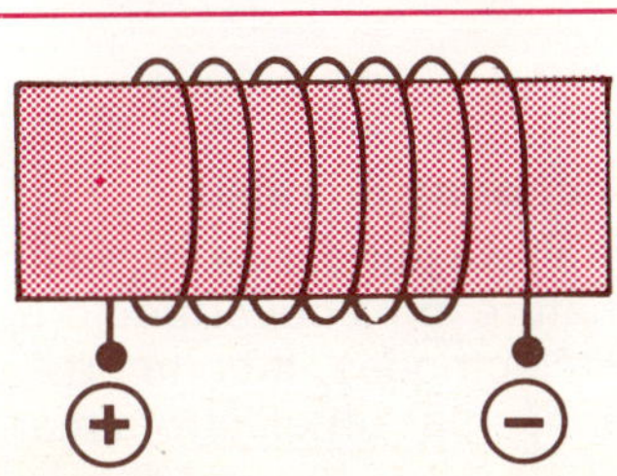

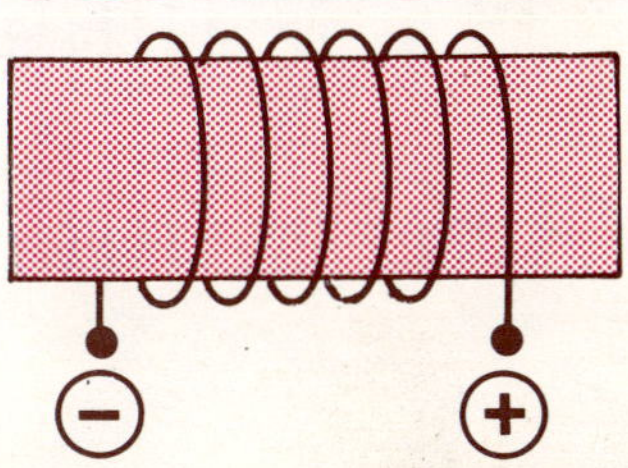

série 2

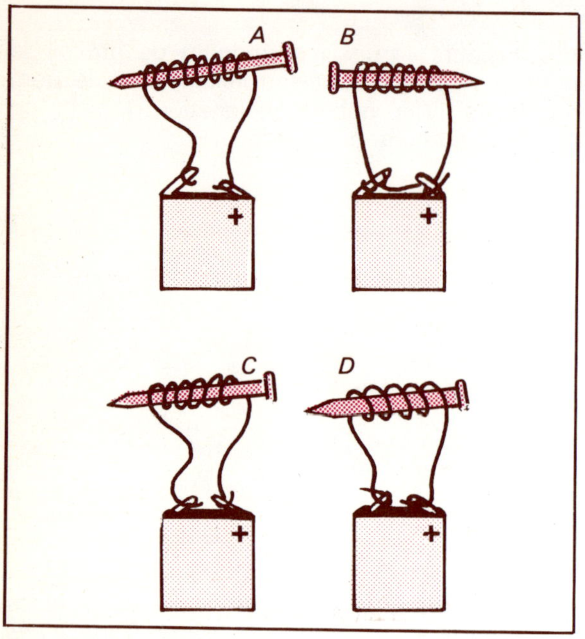

Observe

7. Regarde bien les quatre montages représentés. Les pôles *A* et *B* s'attirent alors que les pôles *C* et *D* se repoussent. Pourquoi ?

. . . .

. . . .

. . . .

Fabrique un détecteur de courant

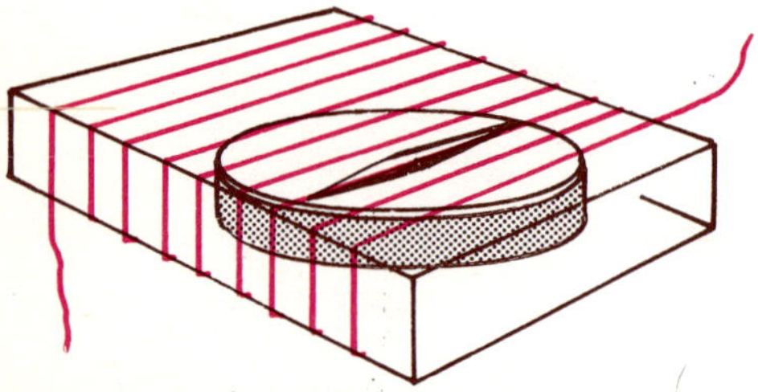

La boîte doit être orientée dans la direction nord-sud.

8. Pour utiliser ce détecteur, il suffit de le brancher en série dans le montage que tu veux tester. Si un courant électrique, même très faible, parcourt le circuit, alors l'aiguille de la boussole dévie.

Fais l'expérience en réalisant des circuits comprenant plusieurs lampes en série, ou en parallèle, et en plaçant le détecteur à différents endroits.

Que constates-tu ?

. . . .

. . . .

. . . .

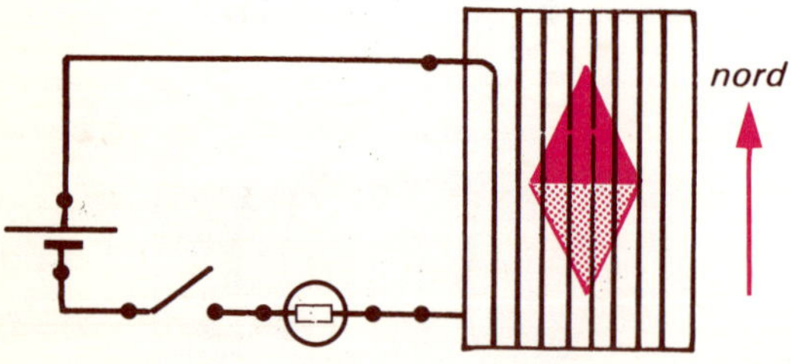

9. Dessine l'aiguille de la boussole lorsque l'interrupteur est fermé.

Comment fonctionne un relais ?

C'est un appareil qui permet de commander à distance la fermeture ou l'ouverture d'un ou plusieurs circuits électriques. Il comporte des inverseurs commandés par un électro-aimant.

Une maquette à construire

Construis un vibreur

Celui-ci te permettra, si tu le veux, de communiquer à distance, d'une pièce à l'autre de ta maison par exemple, en utilisant l'alphabet Morse.

Matériel à réunir

Une planchette de 12 cm × 8 cm
- *bouts de tasseau de 2,5 cm*
- *lames d'acier (genre lames de scie à métaux)*
- *un gros clou* ■ *du fil de cuivre isolé*
- *une pile électrique de 4,5 volts*
- *un boulon et des vis.*

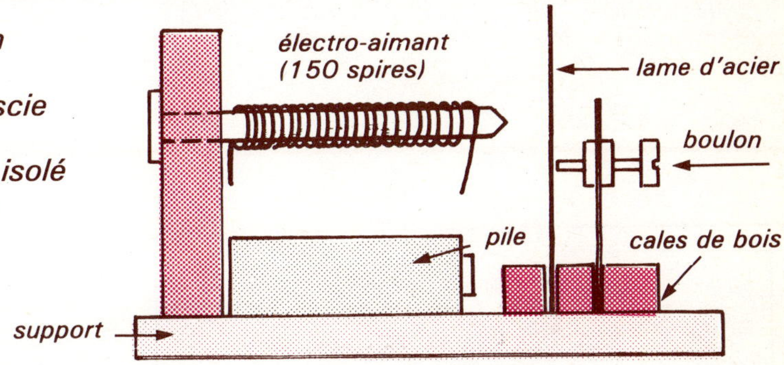

L'interrupteur Morse

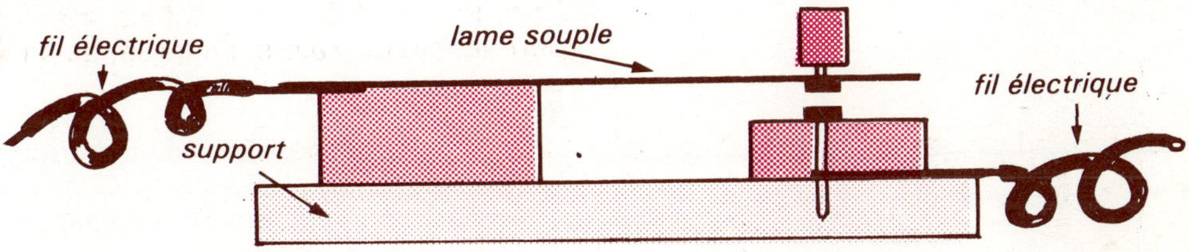

Le circuit du montage

Schéma électrique ▶

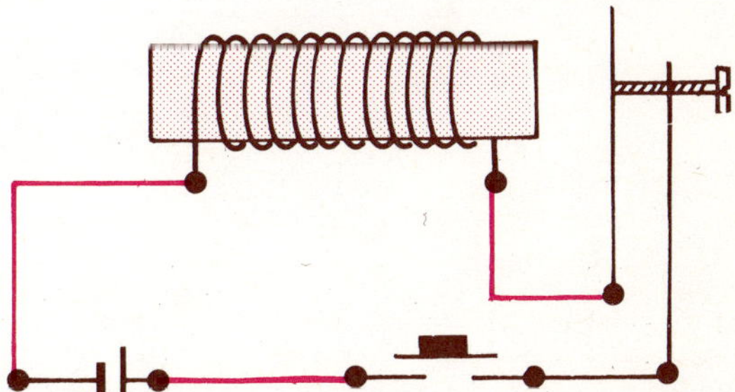

Un message secret

.../..//-/..-//-/.-./---/..-/...-/./.../
/-.-././/--/./.../.../.-
/--././/-/..-//./-//-.-./..../.-/--/
.--./../---/-.//

A	•—	F	••—•	K	—•—	P	•——•	U	••—
B	—•••	G	——•	L	•—••	Q	——•—	V	•••—
C	—•—•	H	••••	M	——	R	•—•	W	•——
D	—••	I	••	N	—•	S	•••	X	—••—
E	•	J	•———	O	———	T	—	Y	—•——
								Z	——••

Alphabet Morse

série 3 — Charlotte et Nicolas font des mesures

Ce qu'il faut savoir

- *L'intensité d'un courant électrique s'exprime en ampères (A). Elle se mesure avec un ampèremètre branché en série dans le circuit.*
- *La tension électrique entre deux points est mesurée par un voltmètre branché en dérivation. Elle s'exprime en volts (V).*

L'ampèremètre

1. *Utilise l'ampèremètre.*
Schématise le montage représenté, en ajoutant un ampèremètre.
Dans ce montage, la place de l'ampèremètre a-t-elle de l'importance ? Pourquoi ?
. . . .
. . . .

2. *Qui dit vrai ?*
« Il existe des ampèremètres pour courant continu qui ne sont pas polarisés » dit Charlotte.
« Tous les ampèremètres pour courant continu sont polarisés » dit Nicolas.
Qui a raison ? . . . .
. . . .
. . . .

Sur chacune des trois figures, le dessinateur a commis une erreur ; entoure-la.

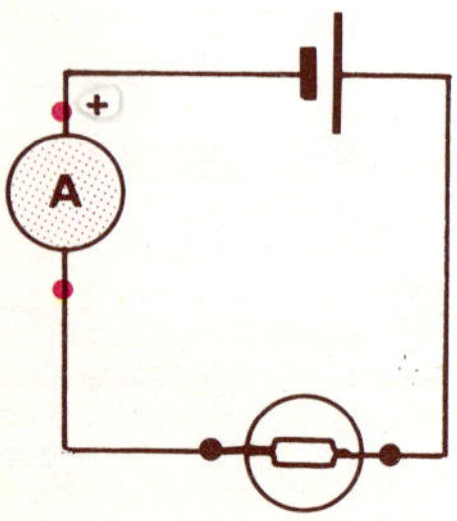

a

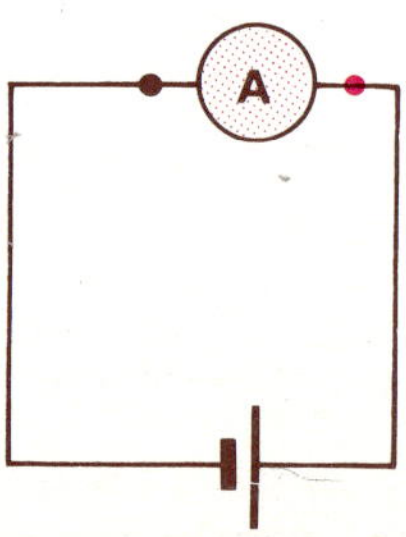

b

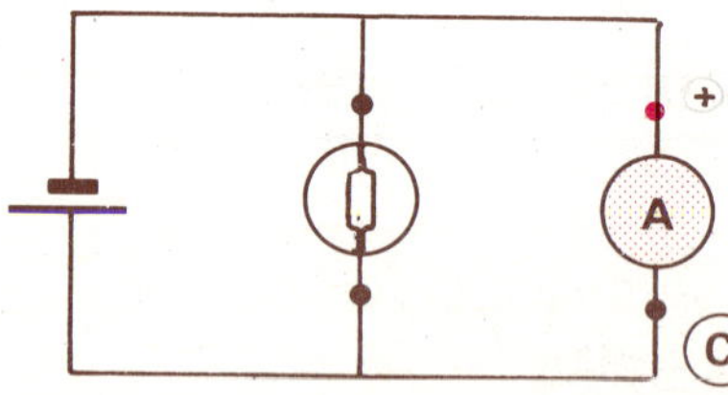

c

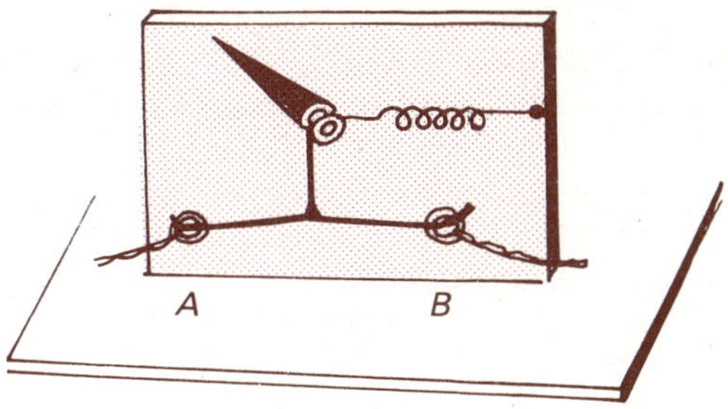

3. *Construis un ampèremètre.*

Un fil métallique (fer) est tendu entre deux points ***A*** et ***B*** qui sont les deux bornes de l'appareil. Du milieu de ce fil part un petit fil d'acier, tendu par un ressort et passant sur une petite bobine de bois. La bobine porte une aiguille de carton.

Quel est le principe de cet appareil ?

. . . .

. . . .

Comment pourrais-tu l'étalonner ?

. . . .

. . . .

. . . .

4. *Comment lire un ampèremètre.*

$$\text{Intensité du courant} = \frac{\text{valeur du calibre}}{\text{nombre de divisions du cadran}} \times \text{nombre de divisions lues}$$

▼ Quelle est l'intensité du courant qui traverse l'appareil ? Complète le tableau.

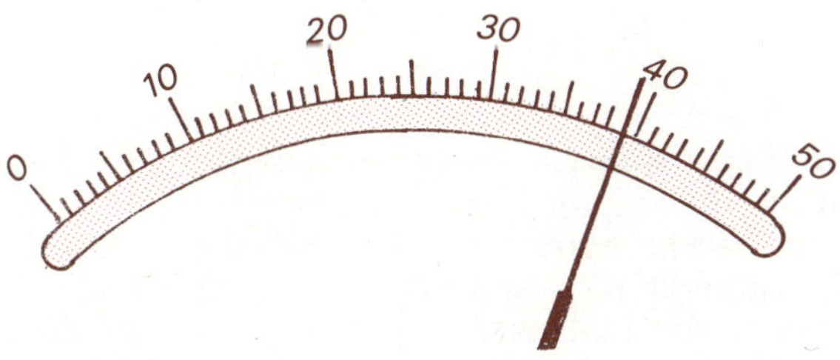

Calibre utilisé	5 A	1 A	0,1 A	10 mA	5 mA
Intensité en A					

5. *Complète :*

1 A = ... mA

0,054 A = ... mA

75 mA = ... A

Réfléchis !

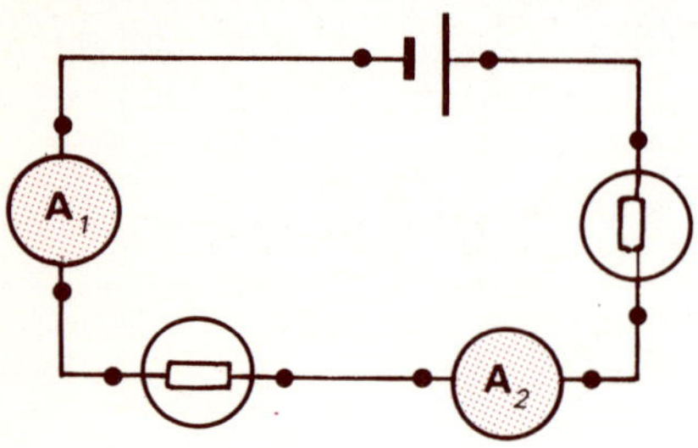

6. ***a)*** Si l'ampèremètre A_1 indique 350 mA, que mesure l'ampèremètre A_2 ?

. . . .

b) Un lustre possède cinq lampes traversées chacune par une intensité de 0,34 A. Fais le schéma du montage et place un ampèremètre pour mesurer l'intensité qui passe dans le fil d'alimentation. Quelle est cette intensité ?

. . . .

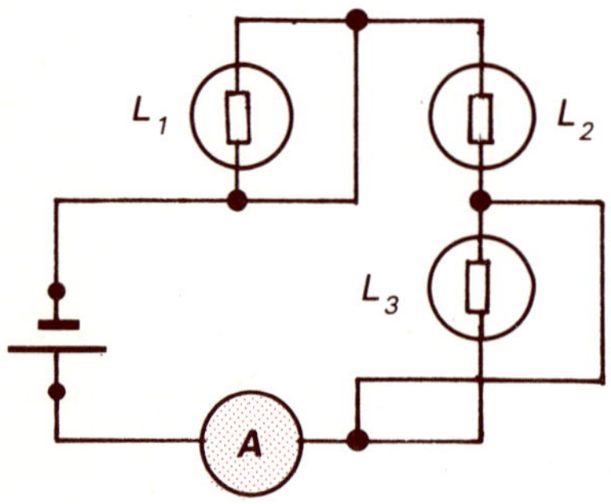

c) Dans le montage représenté, toutes les lampes sont identiques. L'ampèremètre indique 4,3 A. Quelle est l'intensité qui traverse chaque lampe ?

. . . .

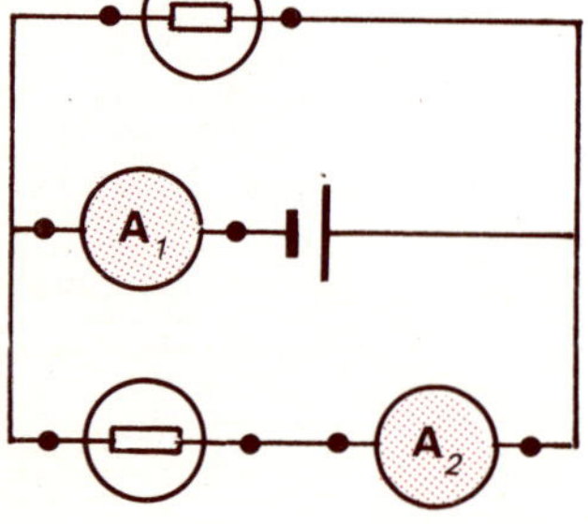

d) Regarde ce circuit : les ampèremètres A_1 et A_2 sont identiques et monocalibres (0,5 A). Leur cadran comporte 100 graduations. Sur A_1 Charlotte lit 100, et sur A_2 Nicolas lit 60.
Quelle est l'intensité qui traverse la branche principale du circuit ?

. . . .

Indique par des flèches le sens du courant dans chaque branche. Quelles sont les intensités qui traversent les lampes L_1 et L_2 ?

. . . .

. . . .

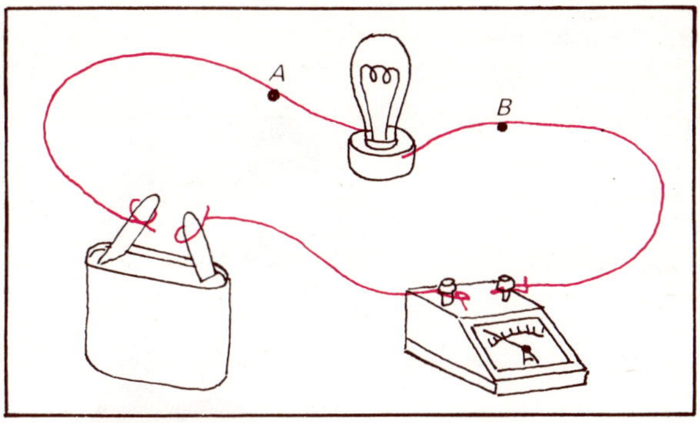

7. L'ampèremètre indique $I_1 = 350$ mA.

a) Que devient cette intensité si l'on branche une deuxième lampe identique entre les points *A* et *B* ?

. . . .

b) On branche ainsi successivement, entre *A* et *B*, une deuxième, une troisième, une quatrième puis une cinquième lampe, toutes identiques. Calcule les intensités I_2, I_3, I_4, I_5 obtenues.

. . . .

c) Représente tes résultats sur un graphique.

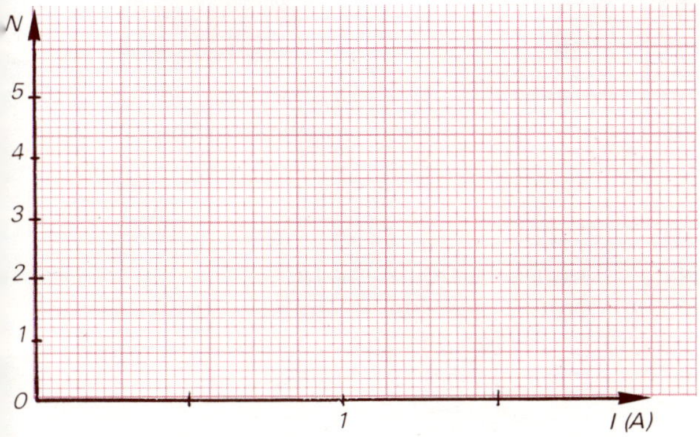

Le voltmètre

8. *Utilise le voltmètre*
Schématise le montage dessiné.

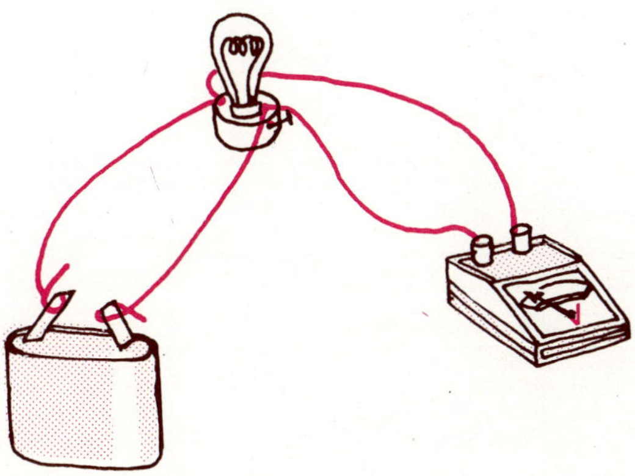

série 3

9. *Vrai ou faux ?*

L'unité de tension vient de Volta ?

Si l'on branche un voltmètre en série dans un circuit, il grille ?

Une tension peut se mesurer avec un oscillographe ?

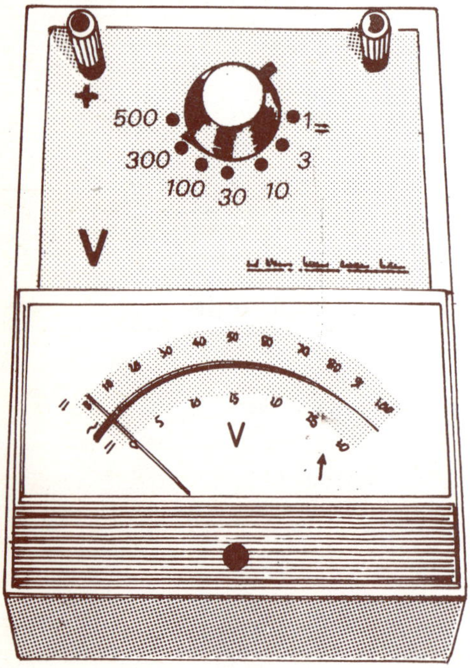

10. *Mesure une tension*
Nicolas a utilisé le voltmètre représenté par le dessin ci-contre : les deux échelles ont respectivement 100 et 30 graduations. Complète le tableau présentant ses résultats.

Calibre utilisé	*Échelle de lecture utilisée*	*Lecture faite*	*Tension mesurée*
500 V	. . . . .	72	. . . . .
300 V	. . . . .	28	. . . . .
100 V	. . . . .	25	. . . . .
30 V	. . . . .	16	. . . . .
10 V	. . . . .	18	. . . . .
3 V	. . . . .	14	. . . . .
1 V	. . . . .	64	. . . . .

Réfléchis !

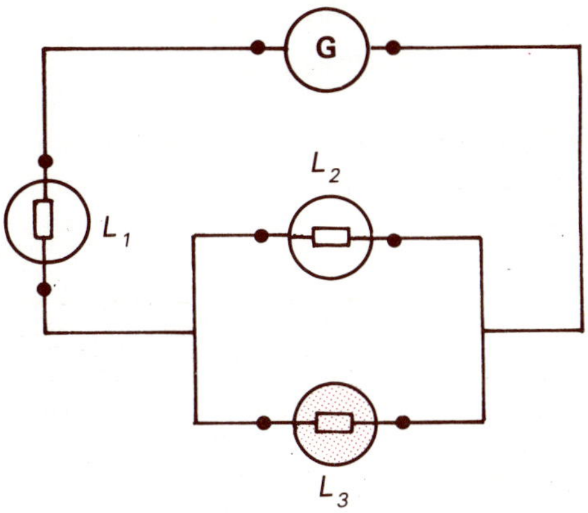

11. ***a)*** Nicolas a mesuré les tensions aux bornes des différents appareils, et a noté ses résultats dans le tableau. Charlotte lui assure qu'il a fait des erreurs. Lesquelles ? Et pourquoi ?

. . . .

. . . .

G	L_1	L_2	L_3
24 V	6 V	15 V	12 V

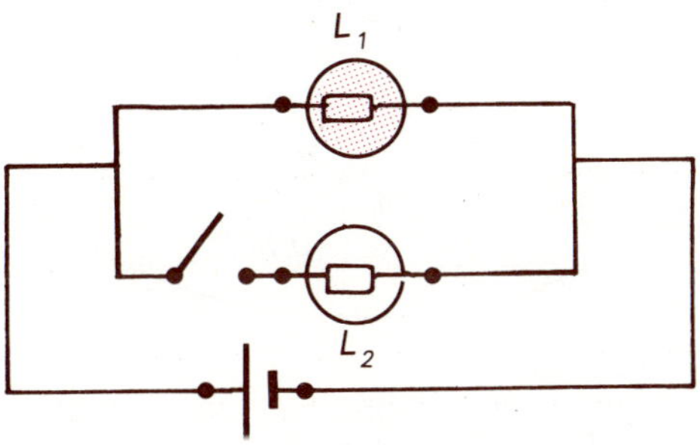

◂ ***b)*** La pile a une tension de 4,5 V. Peux-tu prévoir les tensions qui existent entre les bornes de chacune des deux lampes ?

. . . .

. . . .

. . . .

. . . .

. . . .

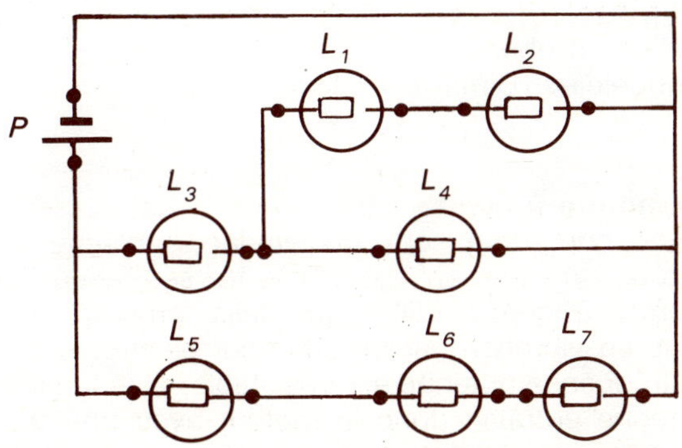

◂ ***c)*** Place sur ce circuit le minimum de voltmètres pour déterminer les tensions qui existent entre les bornes de chacune des lampes. Toutes les lampes sont identiques.

d) Une guirlande de Noël est destinée à être utilisée sur 220 V. La tension nominale de chaque lampe est de 18 V. Combien la guirlande comporte-t-elle de lampes ?

. . . .

. . . .

. . . .

. . . .

. . . .

e) Schématise le circuit électrique de ta bicyclette, puis indique sur ton schéma comment tu brancherais un voltmère pour mesurer, sans démontage, la tension aux bornes du phare avant.

En supposant que la tension mesurée soit de 6,4 V, quelles sont les tensions aux bornes du feu rouge, et de la génératrice ?

. . . .

f) Relie chaque dessin à la tension correspondante.

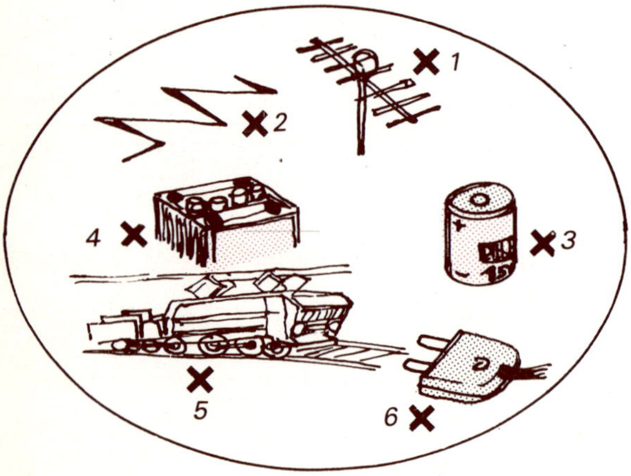

× 20 mV

× 1 500 V

× 12 V

× 1,5 V

× 220 V

× 10 MV

12. *Qui est-ce ?*
1834-1907. Il eut le premier l'idée d'une classification périodique des éléments connus à cette époque. Il put ainsi prévoir les propriétés d'éléments découverts plus tard.

Ohm (Georg) ☐
Millikan (Robert) ☐
Mendeleïev (Dimitri) ☐

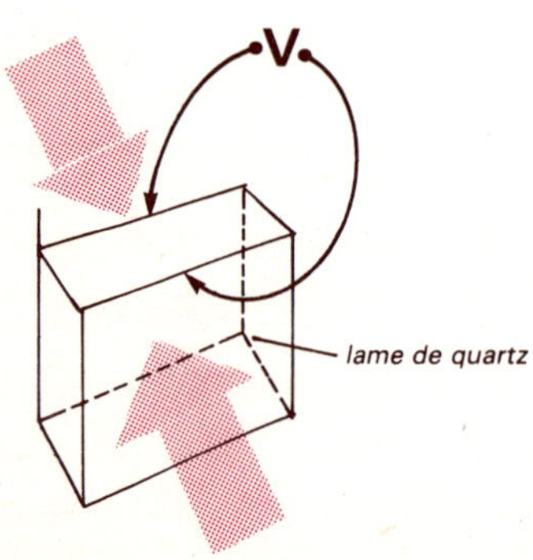

◂ **La montre à quartz**
Si on comprime convenablement une lame de quartz, une tension apparaît entre ses faces. La montre à quartz utilise une telle lame qui est mise en vibration par un émetteur électronique.
La fréquence obtenue est très stable, et la tension obtenue entraîne donc le moteur avec une très grande régularité. Les meilleures montres ne varient pas de plus d'une seconde par an.

Pour jouer

1	2	3	4			
5	6	7	8			
9	10	11		12	13	14
			15	16	17	18
			19	20	21	22

Un casse-tête !

Découpe les 22 petits carrés portant chacun une lettre, et colle-les sur des cartons pour pouvoir les utiliser plus facilement.
Place chaque carré sur la grille en faisant coïncider les numéros. Le jeu consiste à écrire deux fois le mot « électricité », les deux mots étant séparés par la case colorée.
Tu déplaces un carré en le glissant sur la case vide.
BON COURAGE !

1 C	2 C	3 L	4 R	5 E	6 E
7 E	8 T	9 T	10 I	11 I	12 C
13 C	14 E	15 E	16 E	17 L	18 R
19 T	20 T	21 I	22 I		

Une charade

Mon premier est la fille d'Agamemnon.
Mon deuxième veut dire trois.
Mon troisième est une ville.
Quand tu auras écrit mon tout, tu auras gagné !

Un rébus pour jouer

Ce qu'il faut savoir

- *Comment fonctionne un transistor en interrupteur commandé.*
- *Opérations logiques ET ; OU ; NON ET.*

Matériel à réunir

■ Une pile ■ Des fils ■ Une lampe ■ Une D.E.L. ■ Un transistor (2N 1711) ■ Deux résistances de 120 ohms ■ Un petit pot ■ Une photorésistance ■ Des dominos ■ Un petit moteur.

Une petite lampe bien capricieuse

1. Tu sais que le courant produit par une pile circule dans le circuit de la borne positive vers la borne négative.
Réalise le circuit ci-contre et schématise ton montage.
Inverse les connexions de la pile, et observe.
Quelle est la fonction d'une D.E.L. ?

. . . .

. . . .

. . . .

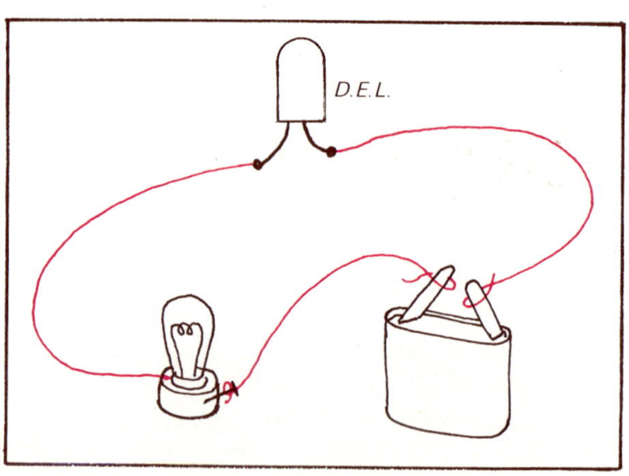

Jouons avec des transistors

2. *Un composant à « 3 pattes ».*

a) Indique sur chaque figure, par *E, B* ou *C*, l'émetteur, la base et le collecteur.

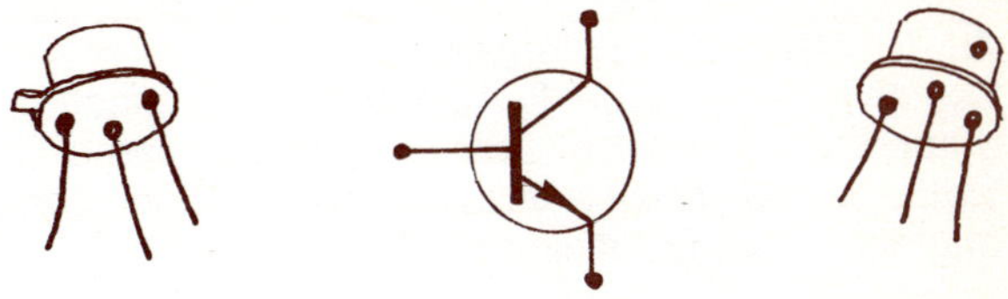

b) Réalise successivement les deux montages ci-contre.
Quel est l'état de la lampe *L* quand tu fermes l'interrupteur K_1 ?

. . . .

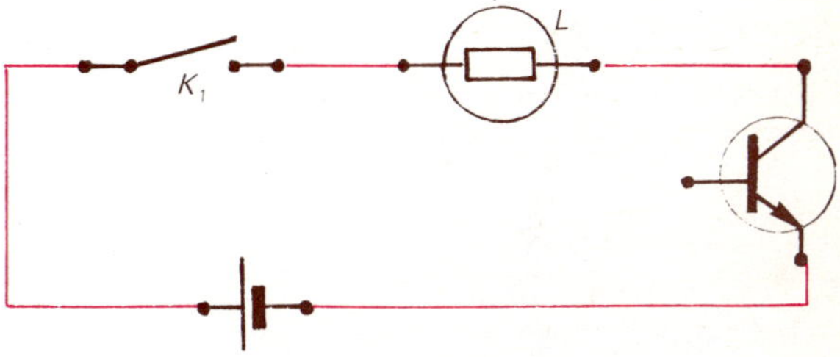

c) Quel est l'état de la lampe *L* quand tu fermes l'interrupteur K_2 ?

. . . .

d) En utilisant les résultats de tes deux expériences, explique le « phénomène transistor ».

. . . .

. . . .

. . . .

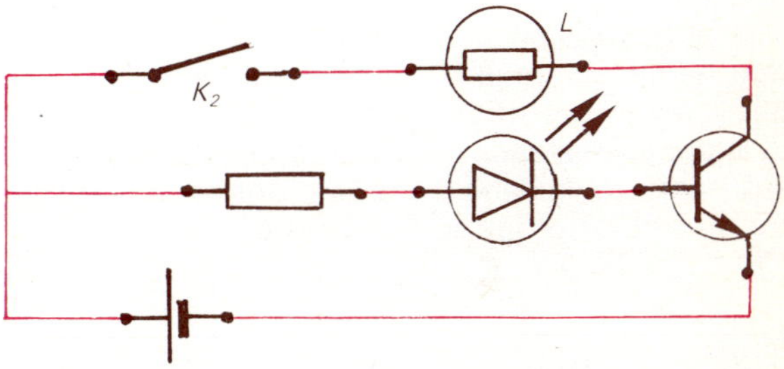

3. Sur le montage représenté ci-contre dessine en rouge le circuit de commande (ou circuit d'entrée), et en bleu le circuit commandé (ou circuit de sortie). Pourquoi ce montage est-il appelé montage « émetteur commun » ?

. . . .

. . . .

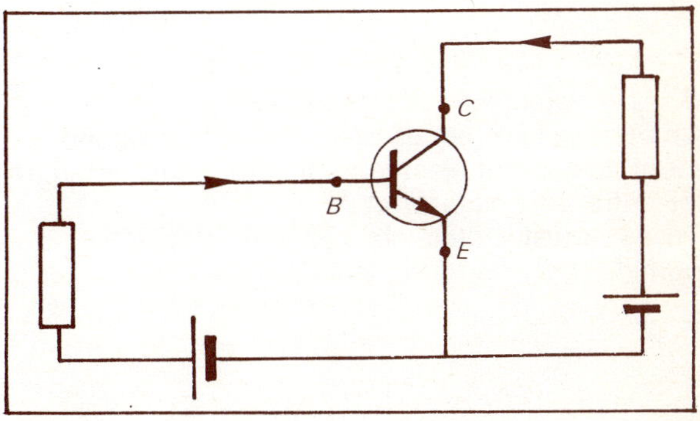

Le transistor a été inventé en 1948 par trois chercheurs américains ; Bardeen, Brattain et Shockley, auxquels le prix Nobel de physique fut décerné en 1956. Ils ont permis le développement de l'électronique.

série 4

Quelques montages avec un transistor

4. *Un détecteur d'humidité*
Construis le montage 1. Il constitue un détecteur d'humidité. Si la terre est sèche, donc isolante, la lampe est éteinte. Si la terre est humide, donc conductrice, la lampe s'allume.

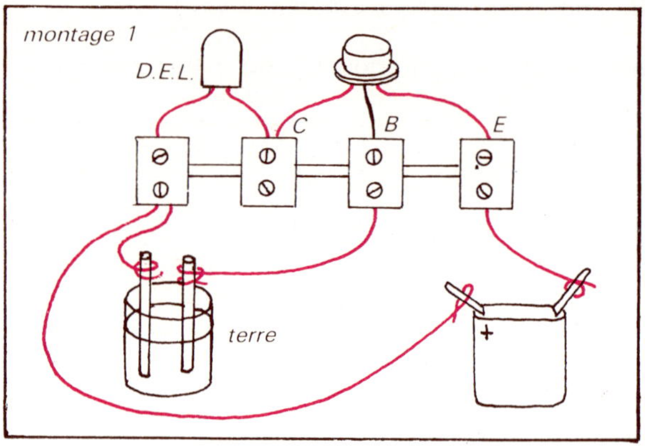

5. *Un détecteur de lumière*
Le montage 2 utilise une photorésistance, composant électronique qui ne se laisse bien traverser par le courant électrique que s'il est éclairé convenablement.
Si la photorésistance est dans l'ombre, aucun courant ne circule dans la maille d'entrée du transistor, il se bloque et le moteur ne tourne pas.
Si la photorésistance est éclairée, alors un courant suffisant circule dans la maille d'entrée, le transistor se sature, et le moteur tourne.

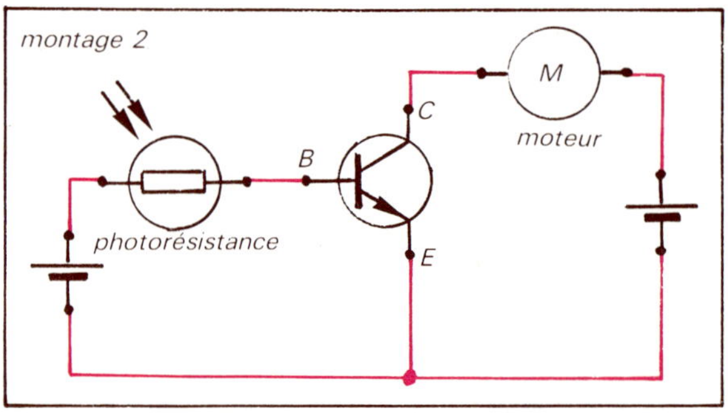

6. *Un détecteur de conducteurs*
Ce montage permet de détecter les corps conducteurs du courant électrique. Il suffit de les intercaler entre les points *M* et *N*.
Tu peux tester l'eau, ta peau, du papier sec ou humide, etc.

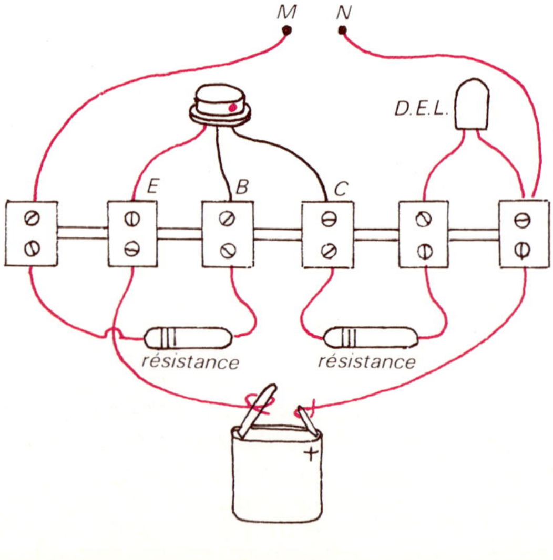

Des circuits logiques

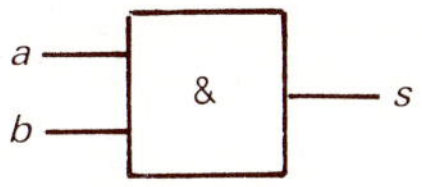

a	b	s
1	0	
0	0	

1

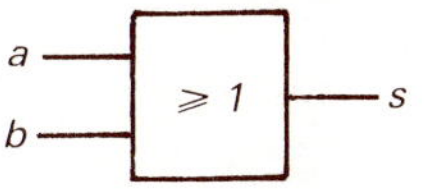

a	b	s
1	1	
0	0	

2

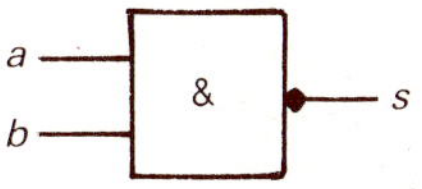

a	b	s
0	1	
1	0	

3

7. Complète les tables de vérité des différentes portes logiques représentées.
Sous chacune d'elle, indique son nom.

8. *Sécurité dans une banque*
Un veilleur de nuit peut vérifier si une porte est ouverte ou fermée.
Si la porte est fermée, un voyant est allumé sur son tableau de contrôle.
Si la porte est ouverte, une sirène est déclenchée.
Dessine le schéma du montage qui utilise une porte logique NON-ET.

9. On peut réaliser toutes les autres portes logiques en associant des portes « NON-ET ».
Complète la table de vérité.
Quelle est la porte ainsi réalisée ?

. . . .

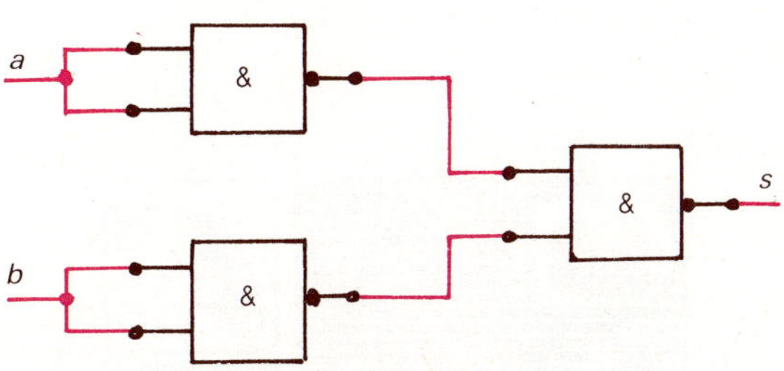

a	b	s
0	0	
0	1	
1	0	
1	1	

série 4

Calcule en binaire

10. *Le demi-additionneur*

a) Complète la table de vérité du montage ci-contre.

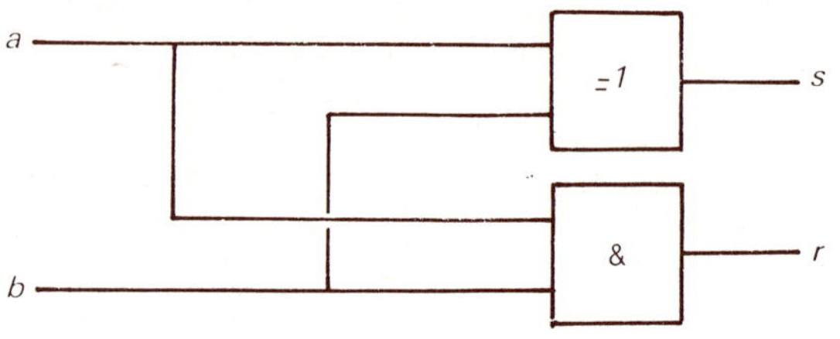

a	0	0	1	1
b	0	1	0	1
s				
r				

b) Qu'appelle-t-on code binaire ?

. . . .

Complète, en utilisant ce code, la table d'addition.

a	*b*	*a* + *b*
0	1	
1	1	
2	1	
2	2	
3	2	
4	2	
4	3	
4	4	
5	4	

Système décimal	Système binaire
0	0
1	1
2	10
3	11
4	100
5	101
6	110
7	111
8	1000
9	1001

c) Explique comment le montage du paragraphe ***a)*** permet de trouver les résultats des opérations suivantes :

0 + 0 = 00
1 + 0 = 01
0 + 1 = 01
1 + 1 = 10

. . . .

. . . .

. . . .

Les cartes à puce
La télécarte, utilisée dans certaines cabines téléphoniques, porte dans un coin « une puce » électronique. Cette puce est un circuit intégré qui comptabilise automatiquement le nombre « d'unités téléphoniques » consommées, et les retire du nombre d'unités gardées dans sa mémoire.

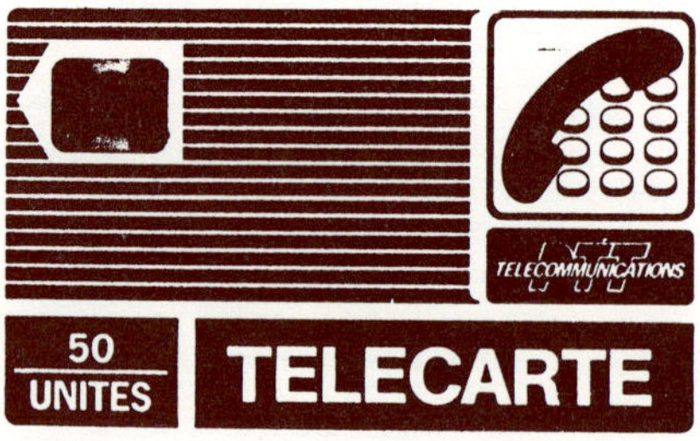

Démêle les circuits
Quelle est la pile qui allume au moins dix lampes ?

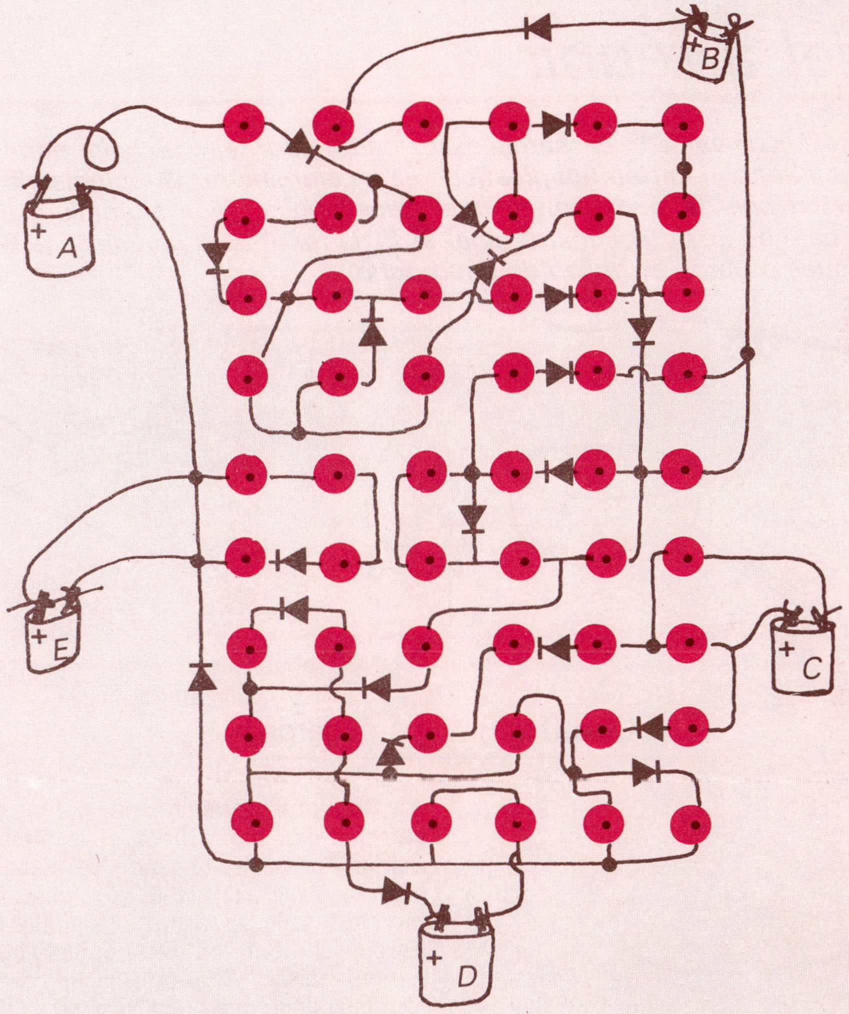

série 5 Charlotte et Nicolas découvrent la « dilatation »

Ce qu'il faut savoir

- *Étude de phénomènes dus à la dilatation.*

Matériel à réunir

■ Petites bouteilles de verre ■ casserole assez haute pour faire un bain-marie ■ cuvette d'eau ■ règles à section carrée (en plastique et en aluminium) ■ épingles ■ plaque de polystyrène ou en bois ■ papier métallique (face papier, face aluminium, comme les emballages de café ou de potage instantané) ■ fil de fer et bouchon de liège ■ bougie ■ bidons métalliques propres ■ ballon de baudruche.

Chauffons, ... ça déborde !

1. Charlotte remplit une petite bouteille (en verre) d'eau à ras bord et la chauffe au bain-marie. Après une absence de quelques minutes, elle revient et arrête le chauffage. A ce moment-là, la bouteille est toujours pleine. Après refroidissement, le niveau dans la bouteille a nettement baissé. Charlotte se demande pourquoi. Nicolas pense que c'est à cause de l'évaporation.

Et toi, qu'en penses-tu ?

Qu'aurait-elle observé si elle était restée devant la bouteille ?

. . . .

. . . .

. . . .

. . . .

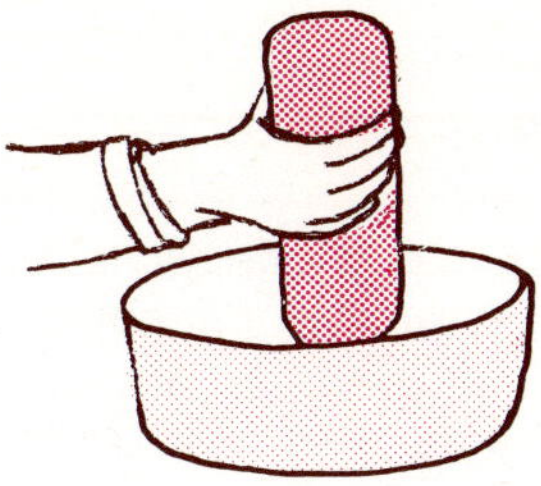

▲
Tu peux réaliser ces expériences.
▼

2. Nicolas retourne une bouteille vide, le goulot dans l'eau et la chauffe avec les mains.
Que se passe-t-il ? Pourquoi ?
Qu'y a-t-il de commun entre cette expérience et la précédente ?

. . . .
. . . .
. . . .
. . . .

Chauffons, ... ça s'allonge !

3. A température ambiante, une règle passe juste entre deux épingles piquées sur une plaque. Cette règle est trempée dans de l'eau très chaude.
Charlotte fait l'expérience avec une règle en plastique : la règle chaude ne passe plus entre les épingles. Elle pense que la règle s'est allongée parce que son diamètre a diminué. Nicolas affirme que toutes les dimensions de la règle ont augmenté. Qu'en penses-tu ?

. . . .
. . . .

Nicolas refait la même expérience avec une règle en aluminium. Surprise ! la règle chaude passe toujours ! Peux-tu expliquer ce mystère ?

. . . .
. . . .

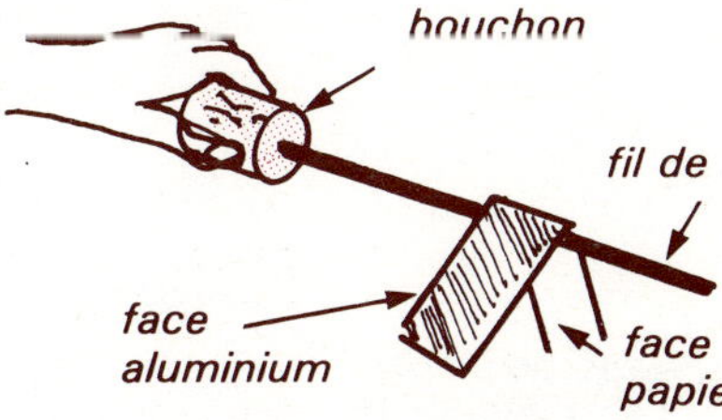

4. Comme Charlotte et Nicolas, réalise l'expérience ci-contre et explique ce qui se passe.
Connais-tu l'appareil qui fonctionne selon ce principe ?

. . . .
. . . .
. . . .

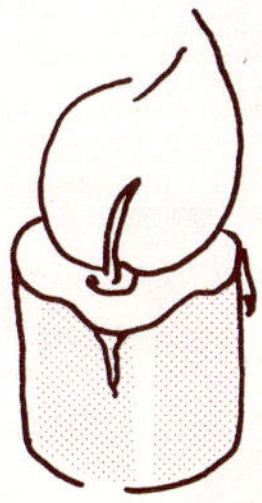

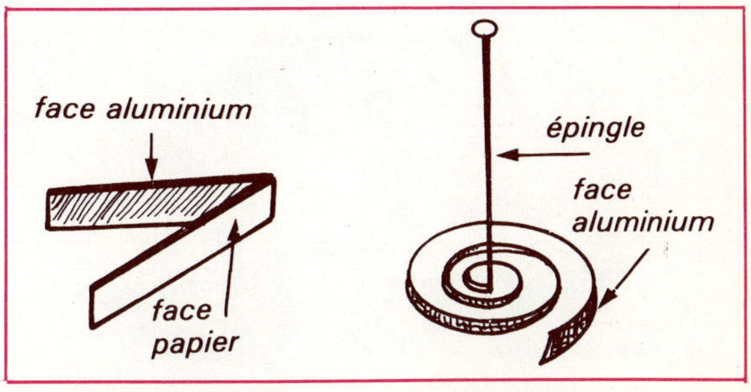

Recommence l'expérience avec le second « V », puis avec la spirale. ▶

série 5

Chauffons, ... ça gonfle !

Gaz comprimé et élévation de température, DANGER !

5. Avant le départ en vacances, Nicolas vérifie la pression des pneus de l'automobile familiale. Il trouve 2 bars à l'avant. En arrivant sur le lieu des vacances, il vérifie à nouveau et trouve 2,3 bars.

Que s'est-il passé ? Faut-il dégonfler ?

. . . .

. . . .

. . . .

6. Commente les dessins.

. . . .

. . . .

. . . .

. . . .

. . . .

. . . .

. . . .

. . . .

. . . .

. . . .

Jouons... avec la dilatation !

Un « tac... tac » sans (ou avec) eau (chaude).
Pose une pièce de 20 centimes sur le goulot d'une bouteille de bière et réalise un « joint » en déposant une goutte d'eau sur le bord de la pièce. Chauffe alors la bouteille avec les mains ou, mieux, avec de l'eau chaude.

Un « gonfle-ballon ».
Place un ballon de baudruche à l'orifice d'un bidon métallique bien nettoyé. Chauffe le bidon quelques instants... puis laisse refroidir à l'air... ou sous le robinet d'eau froide.

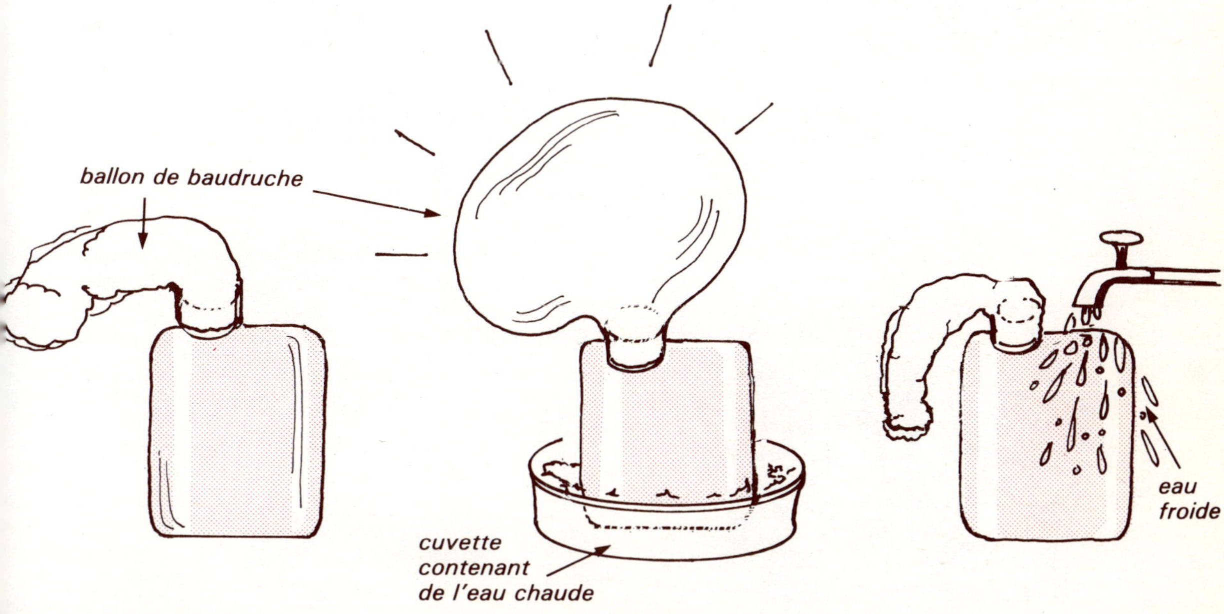

Ce qu'il faut savoir

- *Comprendre qu'amener un corps à une température différente de la température ambiante et même l'y maintenir demande une dépense d'énergie.*
- *Connaître les différents modes de propagation de la chaleur à travers des exemples.*

Matériel à réunir

■ Papier fin pour fabriquer un moulinet ou une spirale ■ des ciseaux ■ une épingle à tête ■ une bougie et des allumettes ■ récipients en verre (genre saladier) ou en plastique (fond de bouteille d'eau minérale) ■ glaçons d'eau colorée ■ petit flacon contenant de l'eau colorée chaude.

Chauffer, refroidir, garder chaud ou froid : les transferts de chaleur

1. Charlotte veut boire une orangeade bien fraîche, Nicolas un chocolat chaud. Ils bavardent... bavardent et sont bien déçus en buvant. Pourquoi ?

. . . .

. . . .

. . . .

. . . .

. . . .

. . . .

2. Le lendemain, ils ont trouvé une solution. Explique.

. . . .

. . . .

. . . .

. . . .

3. Charlotte pense, comme beaucoup de personnes, que le réfrigérateur « apporte » du froid aux aliments placés à l'intérieur, de la même façon que le four « apporte » de la chaleur au rôti qui cuit. Qu'en penses-tu ?

. . . .

. . . .

. . . .

. . . .

A propos de confitures : conduction thermique des solides

4. Charlotte et Nicolas tournent la confiture dans la bassine en cuivre.

Quel est l'intérêt de choisir une bassine en cuivre ?

Pourquoi Nicolas se brûle-t-il alors que Charlotte ne ressent rien ?

. . . .

. . . .

. . . .

. . . .

5. La confiture terminée, elle est versée par Charlotte dans des pots dont Nicolas visse immédiatement les couvercles. A la fin des vacances, ils veulent ouvrir un pot pour goûter à leur confiture, mais le couvercle métallique est bloqué.

Charlotte propose de soulever le bord du couvercle avec un décapsuleur.

Nicolas propose de faire couler de l'eau très chaude sur le couvercle.

Qui a raison ? Pourquoi ?

. . . .

. . . .

série 6

Propagation de la chaleur dans les fluides

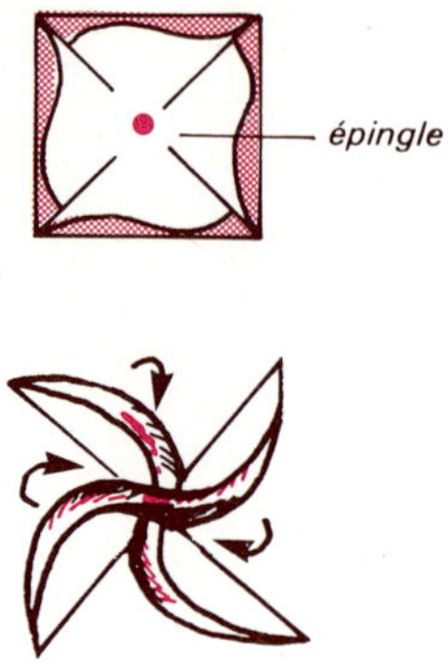

Les liquides et les gaz sont de mauvais conducteurs de la chaleur, et pourtant celle-ci s'y propage. Cherchons comment.

6. Comment faire tourner un moulinet ou une spirale, sans vent : Nicolas, comme beaucoup de gens, pense que c'est la chaleur qui, en montant, fait tourner le moulinet. Et toi, qu'en penses-tu ?

. . . .

. . . .

. . . .

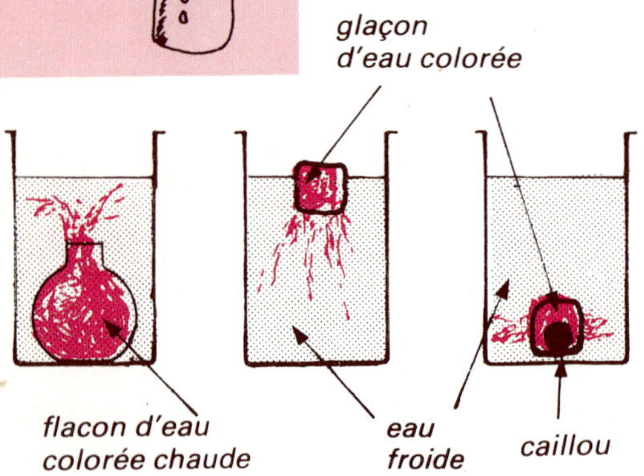

7. Charlotte et Nicolas veulent savoir pourquoi la résistance chauffante d'un chauffe-eau électrique est toujours en bas, pourquoi le freezer du réfrigérateur est en haut. Comment les expériences décrites ci-contre permettent-elles de le comprendre ?

. . . .

. . . .

. . . .

Le rayonnement

8. Un corps chaud se refroidit en émettant des « rayons chauffants » (rayons infrarouges dont certains peuvent traverser le verre ou les plastiques et d'autres pas). Un corps qui reçoit des rayons solaires peut les réfléchir ou les absorber en émettant alors un rayonnement infrarouge.

Peux-tu expliquer les exemples choisis par Charlotte et Nicolas ?

. . . .

. . . .

Une maquette à construire

Construis un chauffe-eau solaire

L'eau restée au soleil, un après-midi d'été, dans un récipient s'échauffe ; chacun le sait !

Tu peux fabriquer sur ce principe un chauffe-eau solaire plus ou moins compliqué.

Tu peux aussi, si tu le souhaites, rechercher ce qui peut influer sur les performances d'un tel chauffe-eau.

Matériel à réunir

■ Bouteille en verre, bouteille ou bidon en plastique ■ cuvette et thermomètre ■ éventuellement, peinture noire ou autre, ou papier noir, boîte en carton ou en polystyrène (par exemple « carton » à lessive), chutes de polystyrène ou laine de verre, vitre ou papier plastique transparent.

Avec une simple bouteille

La cuvette te servira à verser l'eau à la fin de l'expérience pour en déterminer la température avec le thermomètre, si celui-ci ne rentre pas dans la bouteille.

Recherche du meilleur montage :

Attention, pour comparer deux montages, tu ne dois changer qu'une « chose » entre les deux (on dit « ne faire varier qu'un seul facteur ») : par exemple, soit deux bouteilles identiques contenant la même quantité d'eau à la même température, posées de la même façon et pendant le même temps, ***l'une à l'ombre et l'autre au soleil.***

Ainsi, tu peux faire varier l'inclinaison, la couleur ou la capacité de la bouteille, ou encore la durée d'exposition...

Une maquette à construire (suite)

Un montage performant

Réalise le montage de la figure ci-contre.

Avec un serpentin

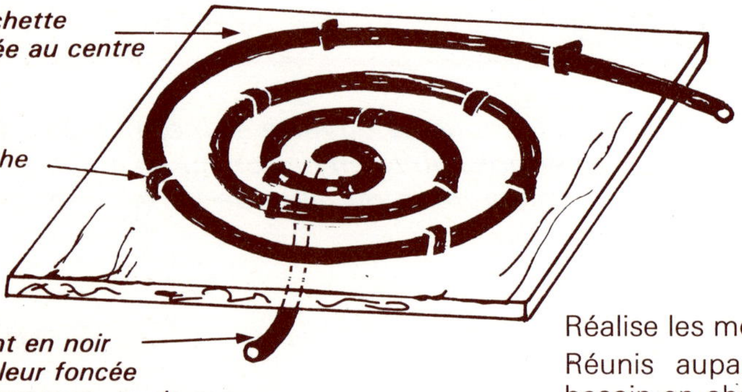

Réalise les montages représentés sur les croquis. Réunis auparavant le matériel dont tu auras besoin en observant attentivement les dessins.

Remarque : tu peux imaginer d'autres dispositifs.

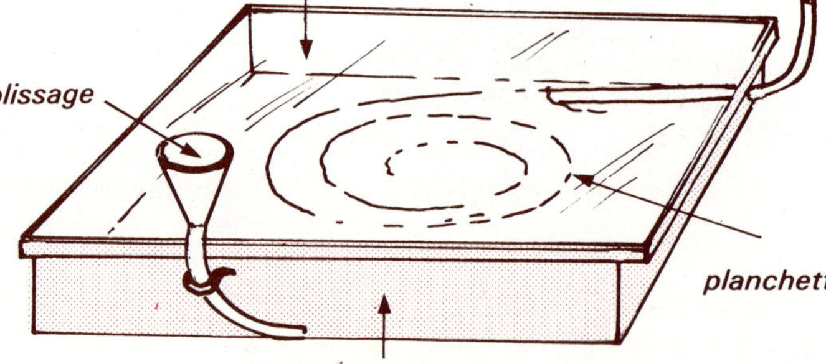

série 7 Charlotte et Nicolas se protègent du froid

Ce qu'il faut savoir

• *Principe de l'isolation thermique.*

Isoler thermiquement un corps, c'est faire en sorte qu'il échange le moins possible de chaleur avec ce qui l'entoure.

Matériel à réunir

■ *3 bocaux ou pots à confiture identiques* ■ *3 thermomètres* ■ *de la laine de verre* ■ *des élastiques* ■ *de l'eau chaude (50 °C maximum, à cause des thermomètres).*

1. Charlotte a froid. « Mets ton pull-over, il te tiendra chaud », lui dit Nicolas.
Qu'en penses-tu ?

. . . .

. . . .

. . . .

série 7

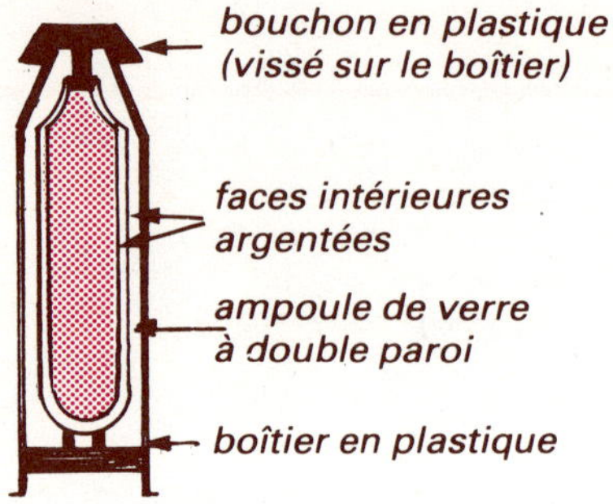

2. Nicolas trouve curieux que l'on puisse, dans le même récipient (bouteille isotherme dite « thermos »), garder, au choix, du café chaud ou de l'eau très fraîche.

Qu'en penses-tu ?

. . . .

. . . .

. . . .

3. Des expériences possibles.

Observe les expériences représentées ci-dessous.

même volume d'eau, même température de départ

ⓐ

ⓑ *laine de verre*

ⓒ *laine de verre de même épaisseur initiale, mais comprimée par des élastiques*

Note les températures après :

15 min			
30 min			
45 min			

Pourquoi dit-on que le meilleur isolant usuel est l'air immobile ?

. . . .

. . . .

Comment se protéger du froid ?

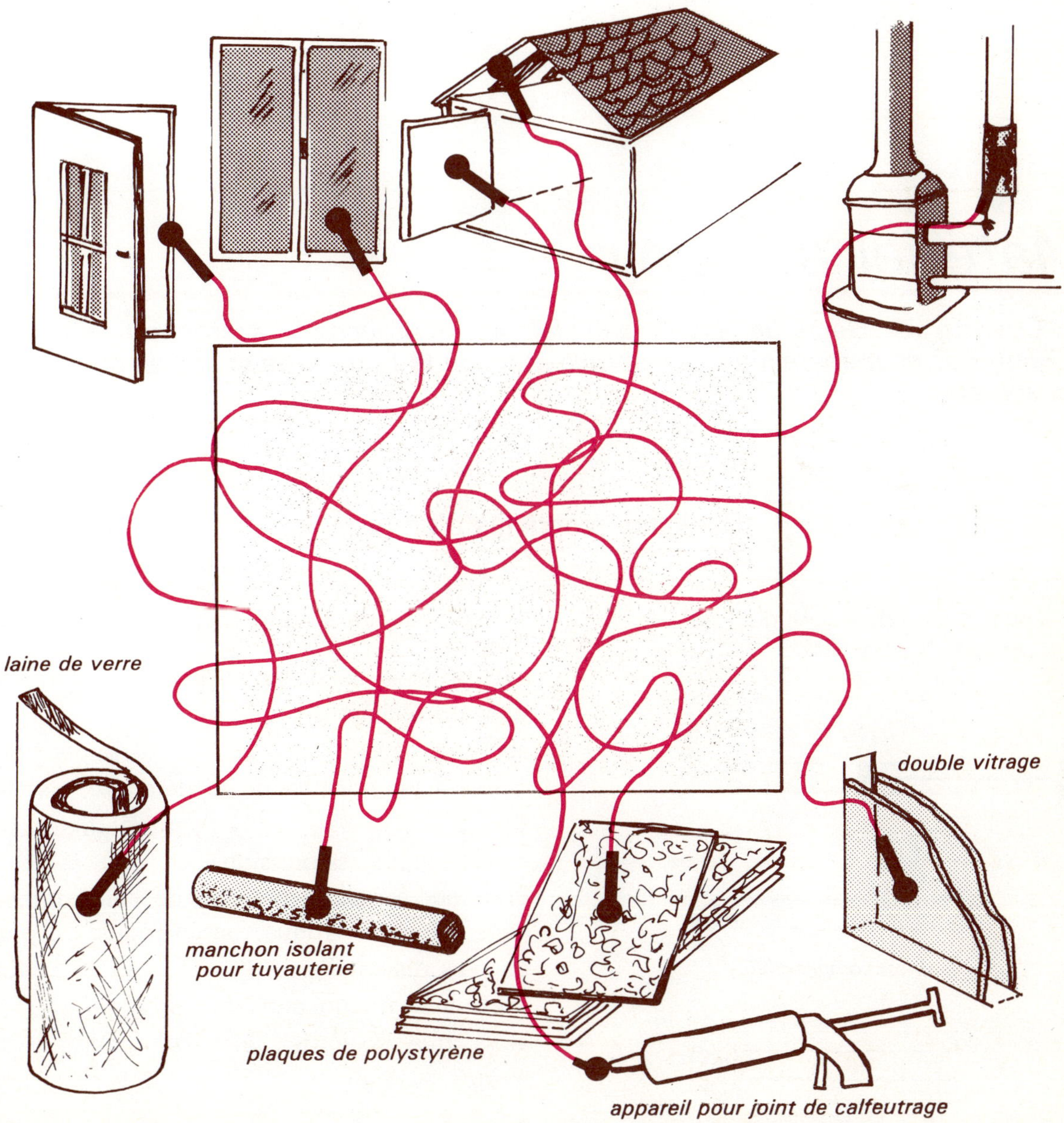

série 8 Charlotte et Nicolas découvrent la matière

Ce qu'il faut savoir

- *Propriétés des gaz.*
- *Pression d'un gaz ; pression atmosphérique.*
- *Structure particulaire des gaz.*
- *Formules de quelques gaz.*

Matériel à réunir

■ Cuvette ■ Seringue (sans aiguille) ■ Ventouses « accroche-torchon » ■ Bouteilles en matière plastique souple et rigide ■ Baromètre et sac en plastique transparent.

Quelques propriétés d'un gaz

Dessine le piston de la seringue pour illustrer la propriété.

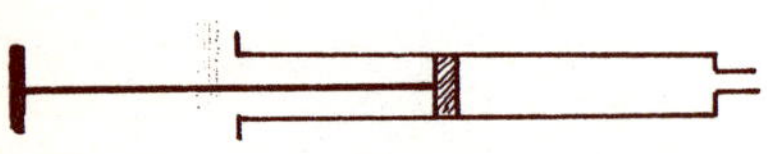

L'air est compressible.

L'air est expansible.

1. Aide Nicolas à compléter les phrases et les dessins.

«Il est possible de comprimer l'air contenu dans un récipient, c'est-à-dire de . . . . son volume et d'. . . . . sa pression. Il est aussi possible de le détendre, c'est-à-dire d'. . . . . son volume et de . . . . sa pression.

Pour augmenter la pression de l'air contenu dans un pneumatique, on introduit de plus en plus d'air à l'aide d'. . . . . La pression se mesure alors avec un . . . . alors que celle de l'air atmosphérique se mesure avec un . . . . Elle s'exprime en . . . . »

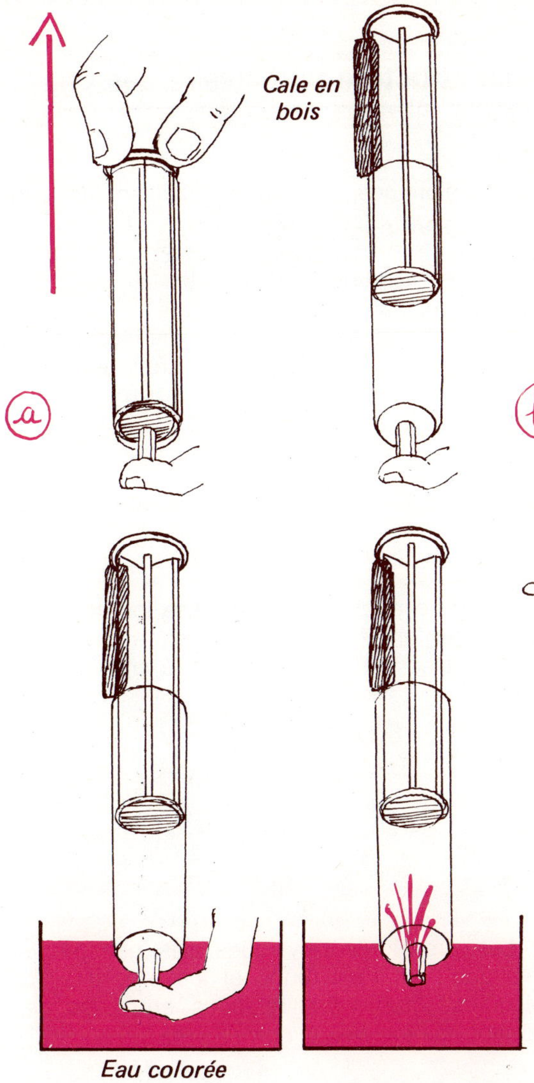

2. Observe les expériences décrites sur les figures. Réalise-les si tu le peux. Explique ce qui se passe.

. . . .

. . . .

. . . .

. . . .

. . . .

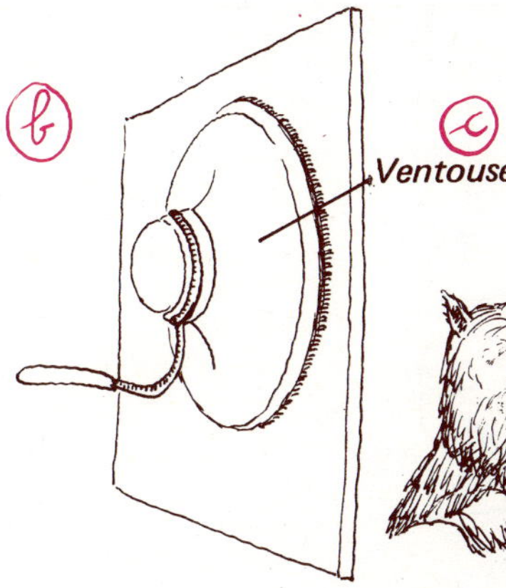

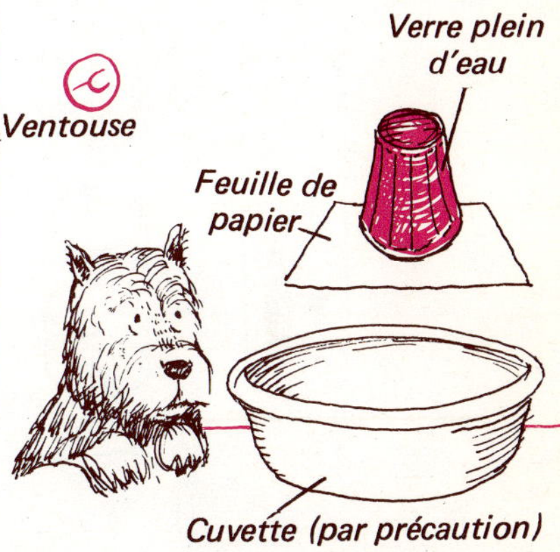

Un abreuvoir pour tes oiseaux

3. Charlotte et Nicolas fabriquent des abreuvoirs pour les oiseaux avec des bouteilles en matière plastique. Charlotte prend une bouteille de lait (en plastique souple) et Nicolas une bouteille d'eau minérale. Les deux abreuvoirs vont-ils fonctionner ? Pourquoi ?

. . . .

. . . .

. . . .

. . . .

série 8

La structure particulaire des gaz

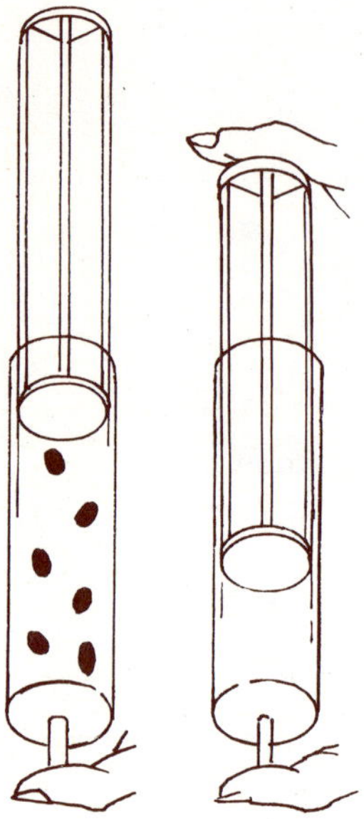

4. Complète les phrases en utilisant les mots « *atomes, formule, molécule(s), symbole* » :

La matière est constituée à partir .... Dans un gaz, il y a des .... Une .... est constituée par l'association .... identiques ou différents.
Un .... se représente par un .... une .... par ....

5. La figure ci-contre schématise les molécules d'un gaz enfermé dans une seringue.
Le gaz est comprimé. Complète le croquis.

gaz	molécules
compressible expansible pression	chocs en mouvement espacées

6. Les propriétés physiques des gaz peuvent s'expliquer par l'existence et les propriétés des molécules. Établis les relations entre les deux colonnes du tableau ci-contre.

7. Complète les phrases en utilisant les mots « *composé, différent(e)s, identiques, simple* » :

A l'état gazeux, un corps est formé de molécules .... alors qu'un mélange est formé de molécules ....
Le dihydrogène est un corps pur .... : chaque molécule est constituée d'atomes ....
Par contre, le dioxyde de carbone est un corps pur ....: chaque molécule est constituée d'atomes ....

Des noms ... et des formules !

Nom de l'atome	Symbole de l'atome	Nom du corps simple	Formule de la molécule	Nom du corps composé	Formule de la molécule
hydrogène	H	dihydrogène	H_2	eau	—
oxygène	—	dioxygène	—	dioxyde de carbone	—
azote	—	diazote	—	dioxyde de soufre	—
carbone	—			méthane	—
soufre	—				

Des noms, ... des formules, ... des modèles !

9. Retrouve le modèle moléculaire correspondant à la formule.

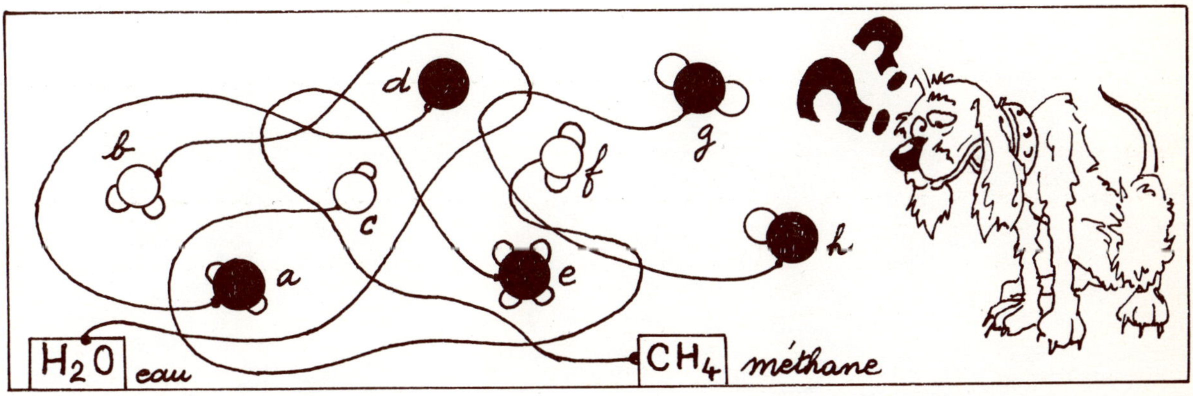

10. Classe les produits suivants dans deux ensembles n'ayant aucune sorte d'atome en commun et souligne le nom de ceux qui sont à l'état gazeux à la température ordinaire : charbon de bois, dioxyde de soufre, dioxyde de carbone, dihydrogène, sulfure de fer, soufre, sulfure d'hydrogène.

Blaise, Otto,... la pression atmosphérique,... et les autres

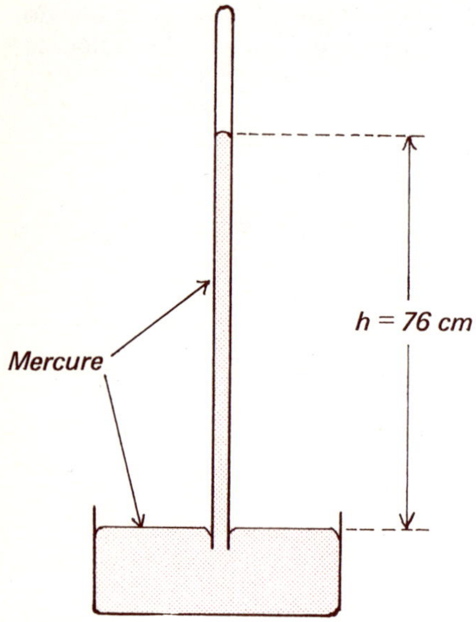

TORRICELLI, en 1643, invente le principe du baromètre à mercure : un tube de verre, suffisamment long, rempli de mercure, est retourné sur une cuve contenant du mercure ; la colonne descend dans le tube jusqu'à ce que la hauteur de la colonne par rapport au niveau dans la cuve soit de l'ordre de 76 cm (avec de l'eau, ce serait 10,33 m !). fig. 7

PASCAL Blaise, en 1648, fait mesurer la pression atmosphérique à Clermont-Ferrand et au sommet du Puy de Dôme : la pression atmosphérique diminue avec l'altitude.
Il est aussi connu pour son œuvre littéraire et d'autres découvertes et inventions.

Otto de GUERICKE, en 1654, fait le vide à l'intérieur d'une sphère métallique creuse, constituée de 2 hémisphères ; 8 chevaux tirant de chaque côté furent nécessaires pour vaincre la pression atmosphérique.

Un programme pour jouer

L'odyssée du « Hindenburg »

Tu pilotes le Hindenburg au travers de l'orage. Tu dois le conduire à bon port jusque dans le coin droit en bas de l'écran.

```
10 REM "HINDENBURG" SUR COMMODORE 64
15 REM 1.283 K.OCTETS / ERIC DEWOIN
20 DIMH(15):POKE54296,10:POKE54277,127
25 POKE54278,15:POKE54272,11:POKE54273,222
30 V=53248:POKE2040,13:POKEV+21,1:POKEV+29,1
35 POKEV+39,13:POKE650,128:POKE53280,0
40 FORN=0TO62:READQ:POKE832+N,Q:NEXT:POKE53281,0
100 PRINTCHR$(147):FORT=1TO50:A%=RND(1)*840+1184
110 POKEA%,81:POKEA%+54272,14:NEXT
200 X=35:Y=65:SC=500:POKEV,X:POKEV+1,Y
220 GETR$:DX=0:DY=0:SC=SC-.1:IFSC<0THEN600
225 IFR$="A"THENDY=-2
230 IFR$="Z"THENDY=2
240 IFR$=","THENDX=-2
250 IFR$="."THENDX=2
270 X=X+DX:Y=Y+DY
275 IFX>255THENPOKEV+16,1:POKEV,X-255:GOTO290
280 POKEV+16,0:POKEV,X
290 POKEV+1,Y:PRINTCHR$(19)"SCORE :"INT(SC)
295 IFX>256ANDY>222THEN500
300 IFPEEK(V+31)=0THEN350
310 FORJ=1TO20:POKE54276,129:POKE53280,1
315 POKE53280,0:NEXT:POKE54276,0
320 SC=SC-10:X=X-2*DX:Y=Y-2*DY:GOTO270
350 Q=Q+1:IFQ<50THEN220
360 Q=0:IFH%=0THEN400
380 FORI=1TOH%:POKEH(I),32:H(I)=0:NEXT
400 H%=RND(1)*15:FORI=1TOH%
420 H(I)=INT(RND(1)*900)+1064
430 IFPEEK(H(I))<>32THEN420
440 POKEH(I),81:POKEH(I)+54272,14
450 IFPEEK(V+31)>0THENPOKEH(I),32:GOTO420
460 NEXT:GOTO220
500 FORI=1TO200:POKEV+39,PEEK(V+18):NEXT
520 PRINTCHR$(19)"APPUYEZ SUR UNE TOUCHE ";
530 PRINT" POUR REJOUER":WAIT198,1:RUN
600 PRINTCHR$(19)"SCORE NUL !!!"
610 FORI=1TO4000:NEXT:GOTO520
1000 DATA,,,,,,,,,,,,,,,,,,,,,199,255,252
1005 DATA239,255,254,255,255,255,255,255
1010 DATA255,239,255,254,199,255,252,,30
1015 DATA,,12,,,,,,,,,,,,,,,,,,,
```

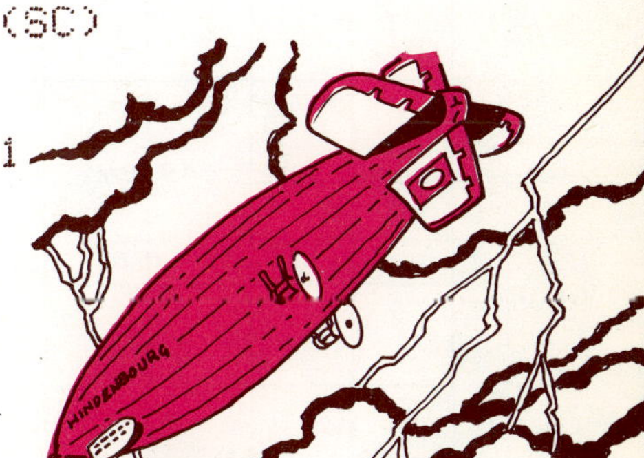

Une maquette à construire

Construis une montgolfière

Matériel à réunir

■ Feuilles de papier de soie (ou de papier journal, ou d'emballage plastique peu épais), il en faut environ 7 m² ■ boîte cylindrique en polystyrène expansé ■ élastique ; fil fin ■ ciseaux et « cutter » ■ papier pour faire le patron (tu peux utiliser un journal) ■ sèche-cheveux pour « gonfler » la montgolfière ■ colle pour l'assemblage des feuilles.

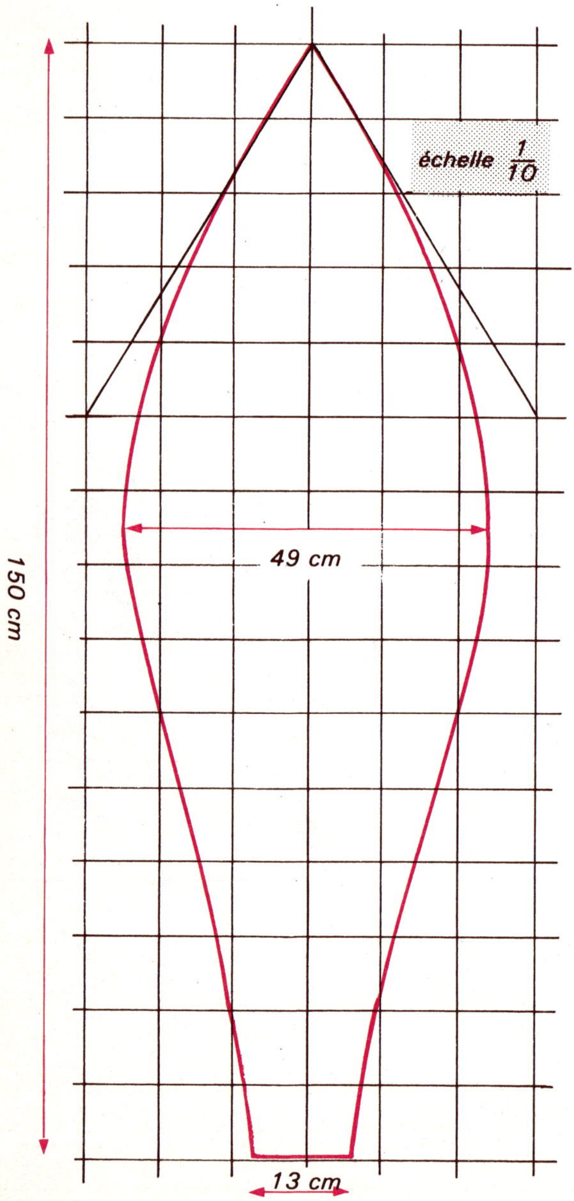

Construction

1. Réalise 6 panneaux de 1,5 m sur 0,5 m avec le papier de soie (tu peux varier les couleurs).

2. Découpe le patron selon le modèle indiqué dans une feuille de papier (trace des carrés de 10 cm sur 10 cm, car le patron est à l'échelle 1/10).

3. Empile les 6 panneaux et le patron et découpe les 6 fuseaux (tu peux aussi les découper un par un).

4. Assemble les fuseaux deux par deux, puis les nouveaux fuseaux ensemble afin d'obtenir la montgolfière.

5. Découpe un anneau dans le polystyrène et fixe-le dans l'ouverture avec l'élastique (tu peux le remplacer par un fil de fer mis en cercle et collé).

6. Colle à la partie supérieure une boucle en fil qui permettra, avec un bâton, de soutenir l'enveloppe pendant le gonflage.

Lancement

Choisis un jour sans vent, un endroit sans fils électriques, mais avec une prise de courant proche, et gonfle avec le sèche-cheveux.

Pour jouer

Des charades ...

Mon 1er est un adjectif possessif
Mon 2e peut être du Lion ou de Gascogne
Mon 3e est passé
Mon tout fut inventé par deux frères.

Mon 1er est un préfixe signifiant trois fois
Mon 2e peut être gros ou doux
Mon 3e est une unité
Mon tout peut être métallique

Mon 1er est vert au printemps.
Mon 2e est une forme conjuguée du verbe scier.
Mon 3e se dit lorsqu'on éternue.
Mon 4e est synonyme de ronde.
Mon tout fut étudié par Pascal.

Mon 1er est possessif
Mon 2e est un refus étranger.
Mon 3e est une unité.
Mon tout peut être métallique.

Un rébus ...

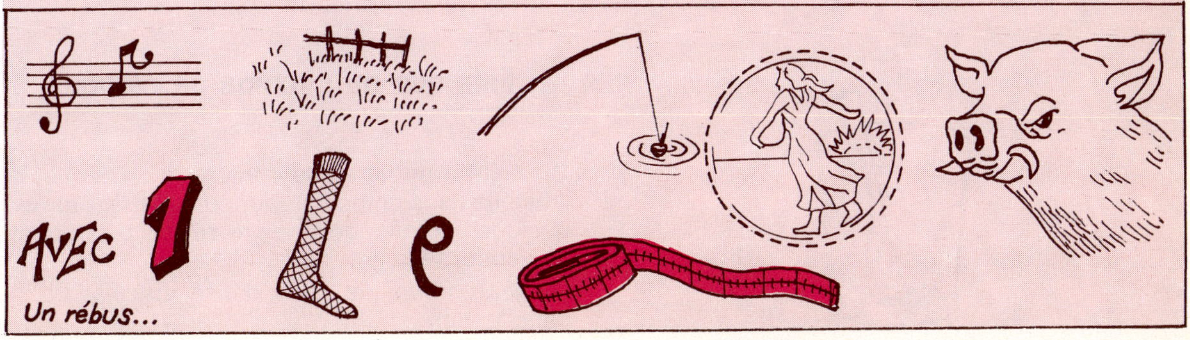

série 9 Charlotte et Nicolas font de la chimie

Ce qu'il faut savoir

- *Définir la réaction chimique.*

Matériel à réunir

■ Alcool à brûler ■ savon ■ vinaigre ■ bicarbonate de soude ■ sachets de lithinées ■ des mines de crayon ■ de la craie ■ limaille de fer ■ de la fleur de soufre ■ une pile et des fils électriques.

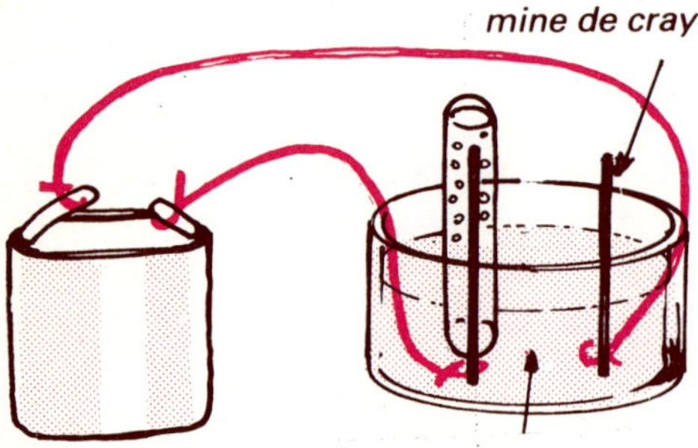

Fabrique du dioxygène

1. Réalise le montage représenté et recueille le dioxygène en retournant, sur l'électrode positive, un petit tube rempli d'eau.

Fabrique du dioxyde de carbone

2. Il suffit de verser le contenu d'un sachet de lithinées dans un peu d'eau, ou de laisser tomber quelques gouttes de vinaigre sur du bicarbonate de soude.

Le gaz carbonique, plus dense que l'air, reste dans le verre.

Expériences avec du dihydrogène

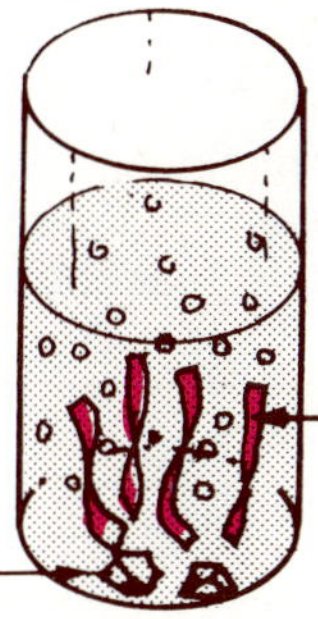

Fabrique du dihydrogène

3. Place dans un tube quelques cristaux de soude, et plusieurs lanières découpées dans du « papier » d'aluminium. Verse dessus de l'eau très chaude, puis, après quelques instants, bouche avec le pouce. Dès que tu ressens la pression du dihydrogène, présente une allumette enflammée.

Décris ce que tu obtiens.

. . . .

. . . .

. . . .

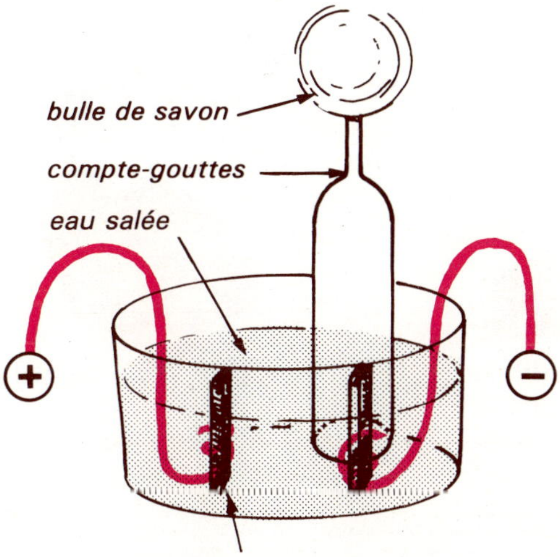

Fais des bulles de savon

4. Réalise le montage ci-contre, et coiffe l'électrode négative avec le tube de verre d'un compte-gouttes, dont tu auras trempé l'extrémité effilée dans de l'eau savonneuse.

Ferme le circuit électrique, et au bout de quelques instants tu verras de magnifiques bulles de savon s'envoler. Tu pourras même les faire « exploser » en approchant d'elles une flamme.

Cite deux propriétés du gaz hydrogène que tu peux déduire de cette expérience.

. . . .

. . . .

Petite histoire des allumettes
La première allumette véritable fut imaginée par un chimiste français. Chancel, en 1805... mais il fallait pour l'enflammer un chiffon imbibé d'acide sulfurique. En 1831, Sauria, un Français, et Von Roemer, un Autrichien, mettent au point en même temps l'allumette à base de phosphore qui s'enflammait par frottement. L'allumette de sûreté, quant à elle, qui nécessite un frottoir spécial, est née en 1870.

série 9

Nom	Odeur	Brûle (oui-non)	Test de présence
dioxygène			
dihydrogène			
dioxyde de carbone			
dioxyde de soufre			

5. Caractérise quelques gaz en complétant le tableau.

6. Qu'obtient-on en faisant réagir les deux premiers gaz entre eux ?
Par quelles réactions chimiques obtient-on les deux derniers gaz ?
Ecris le bilan de chaque réaction :

. . . .

. . . .

. . . .

7. Vrai ou faux :

Le dioxygène est un corps simple.

Le dioxyde de carbone est un corps simple.

Le fer peut brûler dans l'air.

Expériences avec la craie

Stalactites et stalagmites

Les stalac**t**ites, qui **t**ombent, et les stalag**m**ites, qui **m**ontent, sont formées de carbonate de calcium. Celui-ci se dépose lentement par évaporation des eaux calcaires.

Comment rechercher le calcaire

8. Rassemble des substances très variées comme de la craie, des coquillages, des coquilles d'œufs, d'huîtres, de moules, etc. Verse sur chaque échantillon quelques gouttes de vinaigre.
Qu'observes-tu ?

. . . .

. . . .

Quel est le gaz qui se forme au cours de cette réaction chimique ?

. . . .

Fabrique de l'eau de chaux

9. Quand on chauffe très fortement de la craie naturelle réduite en poudre, le calcaire se décompose en gaz carbonique et en chaux vive.
Écris l'équation de la réaction chimique :

. . . .

10. Si on mélange la chaux vive avec de l'eau, et si on filtre, on obtient un liquide limpide : l'eau de chaux. Le dioxyde de carbone produit un précipité blanc dans l'eau de chaux. Comment peux-tu montrer que le gaz contenu dans une bouteille de limonade est du gaz carbonique ?

. . . .

. . . .

. . . .

Fais un schéma de ton expérience.

Expériences avec le fer

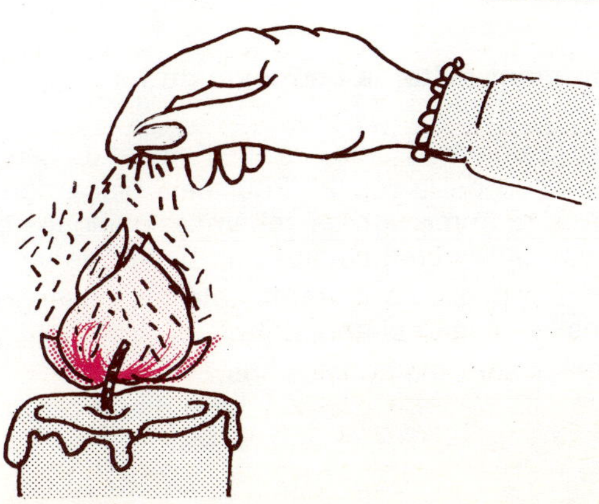

Des gerbes d'étincelles

11. Laisse tomber une pincée de limaille de fer sur la flamme d'une bougie. De belles étincelles apparaissent.
Tu peux aussi utiliser un peu de paille de fer que tu auras fixée à un petit morceau de bois.

Complète :
La . . . . brûle sans flamme dans . . . . de l'air. On dit qu'elle brûle par . . . . Le produit obtenu est de . . . . de fer.

série 9

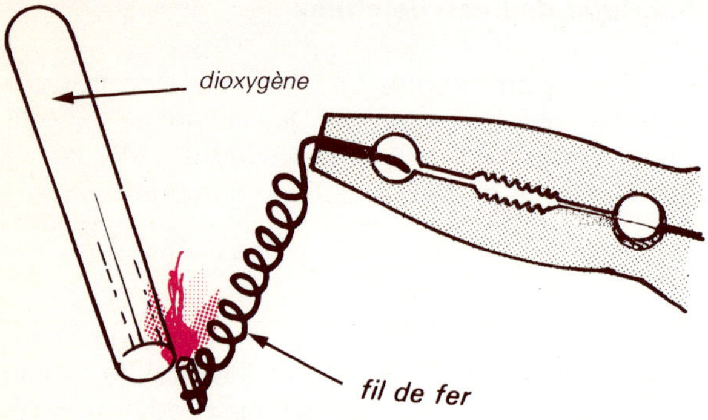

Un fil de fer qui brûle

12. Prépare un tube de dioxygène et un petit fil de fer fin que tu auras roulé en spirale en t'aidant d'un crayon.
Fixe à une de ses extrémités un petit morceau d'allumette, enflamme-la et présente-la à la sortie du tube. Qu'observes-tu ?

. . . .

. . . .

Le fer se combine au dioxygène pour donner un oxyde de fer. Quelles sont les deux sortes d'atomes contenues dans la rouille ?

. . . .

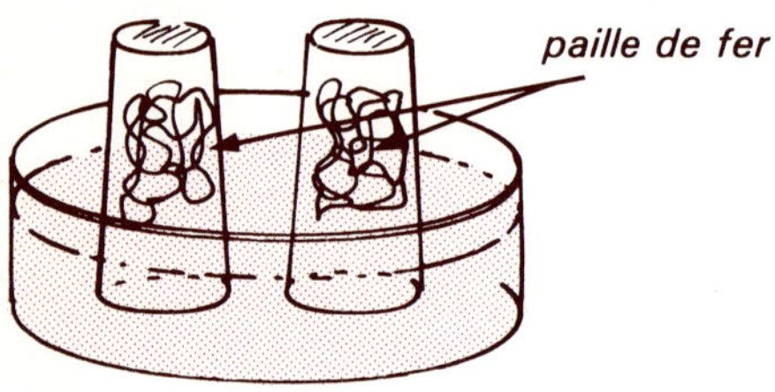

Comment se forme la rouille

13. Place dans deux verres identiques deux morceaux de tampon métallique, de grosseurs différentes. Retourne les verres sur de l'eau.
Attends plusieurs jours et fais un dessin pour présenter ce que tu observes.
Comment expliques-tu le résultat obtenu ?

. . . .

. . . .

14. Le gaz restant à l'intérieur de chaque verre est du diazote. Essaie de faire brûler une allumette dedans.
Peux-tu déduire de ton expérience si l'air contient plus, ou autant, ou moins de dioxygène que de diazote ?
Explique ta réponse :

. . . .

. . . .

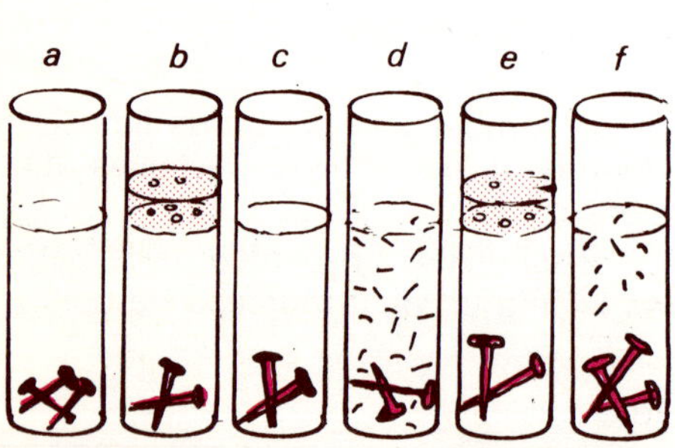

a : tube témoin
b : eau du robinet + huile
c : eau du robinet
d : eau salée
e : eau de pluie + huile
f : clous mouillés

Comment éviter la corrosion du fer

15. Étudie le rôle de l'air, de l'eau et du sel sur la formation de la rouille. Pour cela place dans six verres, comme sur les schémas, quelques clous que tu auras bien décapés au papier de verre.
Attends plusieurs jours et note tes observations dans le tableau ci-après.
Quelles sont tes conclusions ?

. . . .

. . . .

a	b	c	d	e	f

16. Déduis de ces expériences des moyens pour empêcher la corrosion des objets en fer.

. . . .

. . . .

. . . .

Expériences avec le soufre

Rien ne se perd, tout se transforme

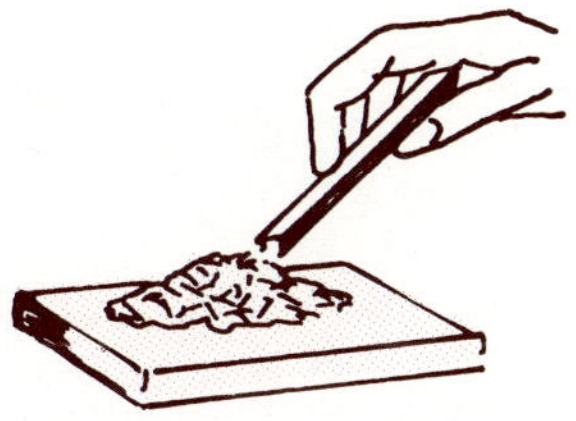

17. Mélange de la façon la plus homogène possible deux volumes de fleur de soufre avec un volume de limaille de fer. Tu obtiens une poudre dans laquelle tu ne distingues plus ni le fer ni le soufre.

Par quelle méthode pourrais-tu à nouveau les séparer ?

. . . .

. . . .

18. Verse sur le mélange précédent un peu d'eau et malaxe le tout avec une cuillère, comme si tu voulais faire une pâte à gâteau assez épaisse. Attends une heure, et observe le résultat. Que constates-tu ?

. . . .

. . . .

. . . .

Peux-tu encore séparer le soufre et le fer par la méthode que tu as imaginée ?

. . . .

. . . .

Le produit nouveau que tu obtiens est un corps chimique composé d'atomes de fer et de soufre combinés : c'est du sulfure de fer.

série 9

Fais brûler du soufre

19. ***Dans l'air.*** Dépose sur une brique un petit tas de soufre (1 cm^3 environ) et enflamme-le à l'aide d'une allumette. Récupère le gaz qui se forme.

Comment s'appelle ce gaz, et comment peux-tu le caractériser ?

Lorsque la combustion est terminée, dépose dans le verre quelques pétales d'iris ou de violettes, bouche l'ouverture avec la paume de la main et agite.
Écris une conclusion.

20. ***Dans le dioxygène.*** Prépare un tube de dioxygène et retourne-le au-dessus d'un petit tas de soufre enflammé comme dans l'expérience précédente.
Fais un schéma.
Au bout de quelques minutes, retourne le tube et très vite ajoute 1 ou 2 cm^3 d'eau, bouche avec le pouce et agite.
Que constates-tu, et comment l'expliques-tu ?

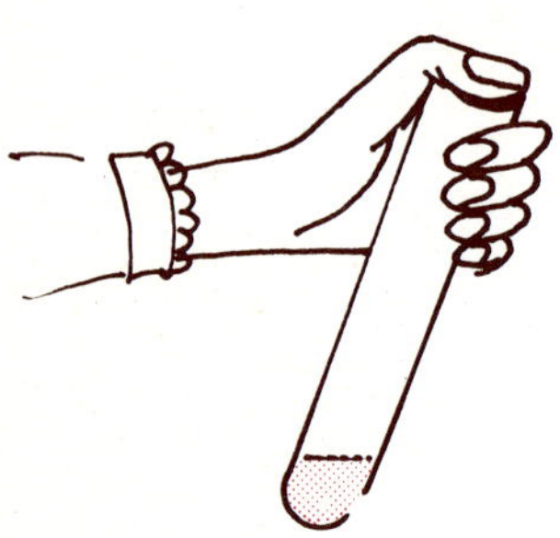

Réfléchis

21. Écris l'équation chimique qui traduit la combustion de la fleur de soufre dans le dioxygène de l'air.

22. Pour faire brûler 4,5 grammes de soufre et obtenir 9 grammes de dioxyde de soufre, quelle masse, ***m,*** de dioxygène te faut-il ?

23. Si un litre de dioxygène pèse 1,4 gramme, quels sont les volumes de dioxygène et d'air nécessaires. On te rappelle que dans 5 litres d'air. il y a seulement 1 litre de dioxygène.

A la découverte de Lacq :
La France produit annuellement plus de deux millions de tonnes de soufre, que l'on obtient en faisant brûler le sulfure d'hydrogène que contient le gaz naturel de Lacq (près de Pau). Ce gisement est exploité depuis 1951.

Pour jouer

Deux chimistes célèbres

Écris dans chaque cercle la première lettre du nom de l'animal ou de la plante représentés dans chaque case pour découvrir le nom des « pères » français et anglais de la chimie moderne.

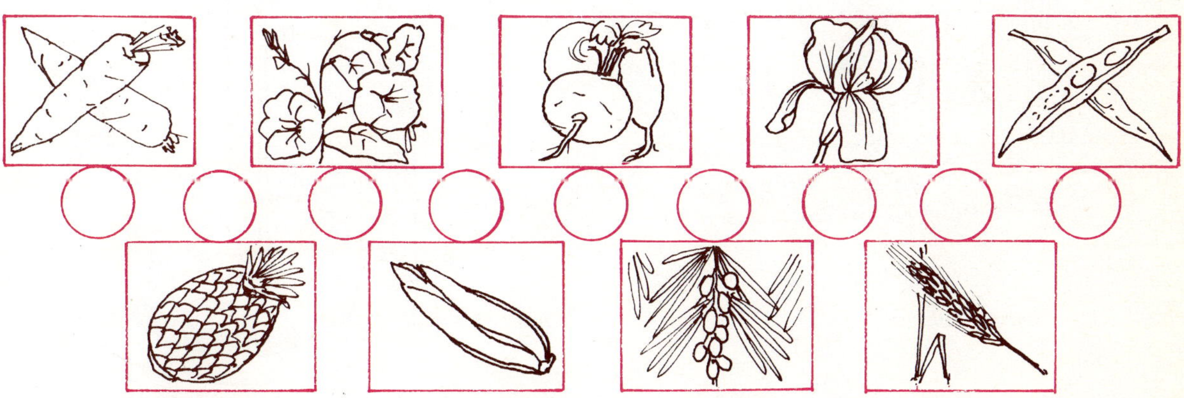

En utilisant chaque mot une ou plusieurs fois, retrouve la phrase célèbre que l'on prête à l'un des deux chimistes :
« chimique, crée, dans, ne, perd, réaction, rien, se, tout, transforme, une ».

Mon 1er est une île bretonne.
Mon 2e est une forme conjuguée du verbe taire.
Mon 3e est un chiffre.
Mon 4e peut être gros.
Mon tout est une réaction chimique qui porte parfois le nom de l'un des chimistes.

Une maquette à construire

Construis une usine à gaz

Matériel à réunir

■ Un gros tube à essais ■ des planchettes ■ une lampe à alcool ■ deux flacons ■ petits tubes de verre ■ sciure ou copeaux de bois.

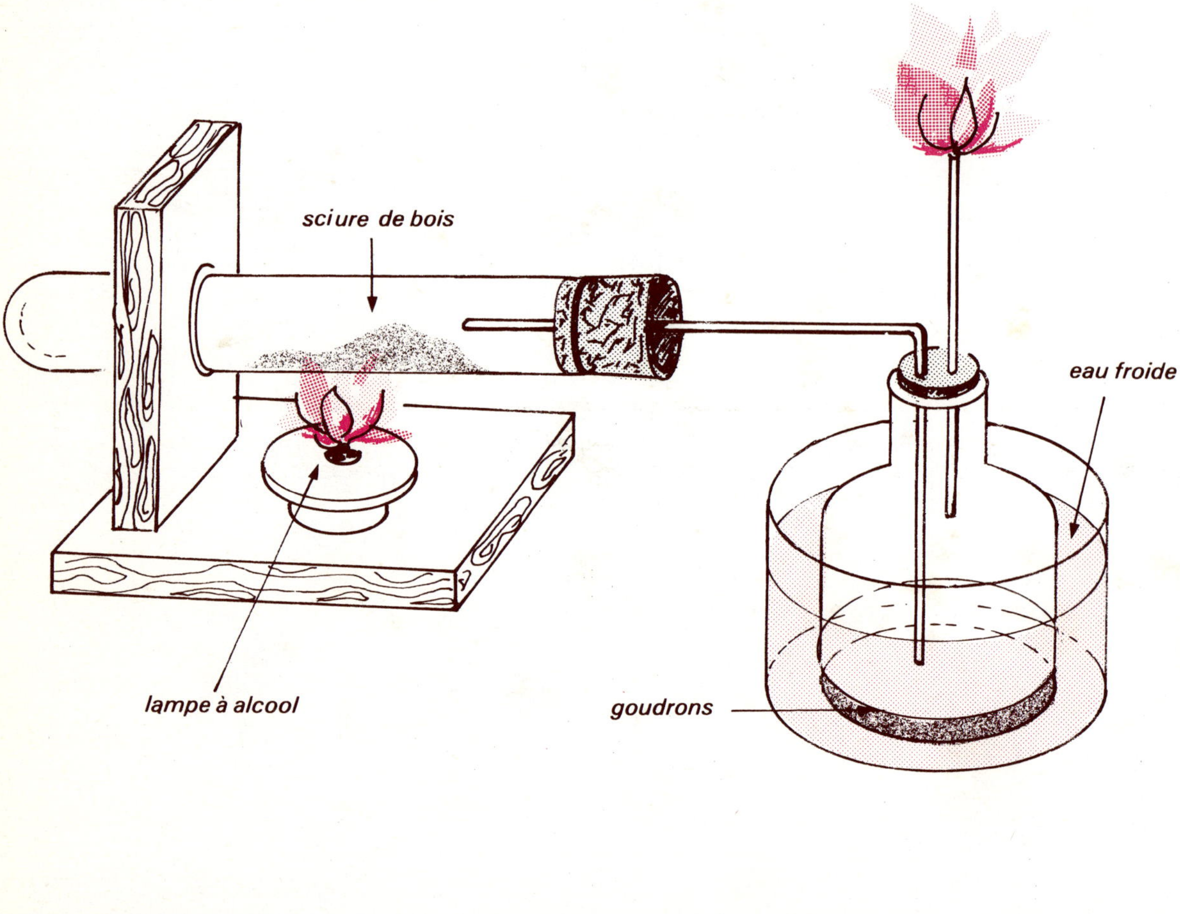

Philippe LEBON (1767-1804)

Ingénieur de l'École des Ponts-et-Chaussées, né près de Châlons-sur-Marne ; il mit au point la fabrication du gaz d'éclairage à partir de la pyrolyse du bois.